职业教育机电类专业课程**改革创新**规划教材

钳 工 技 能

主　编　吴继霞

参　编　汪怡然　陈　晨　蒋春兰

程榴芳　李明辉　吕　芳

電子工業出版社

Publishing House of Electronics Industry

北京·BEIJING

内 容 简 介

本书以教育部《中等职业学校机械常识与钳工实训教学大纲》为依据，结合我国当前职业教育的教学实际以及机械行业新工艺、新技术的快速更新，围绕中等职业学校的培养目标，按照职业岗位知识、能力、素质的特点，与职业资格鉴定大纲相结合，充分考虑了学生职业生涯和持续发展的需要。本书以学生为主体、项目为主线、任务为目标、工作过程为导向，突出技能训练，融入应知、应会内容。

本书内容由三部分组成，即钳工入门知识、钳工单项技能训练、钳工综合技能训练，包括錾削、锯削、锉削、钻孔、铰孔、攻螺纹、套螺纹、锉配等。重点强化钳工基本技能的掌握及组合件的加工工艺分析、制作。

本书注重钳工基本功训练、综合零件的加工，内容循序渐进、层层深入，具有较强的针对性和适用性，突出直观教学及实践技能的培养，为学生可持续发展奠定良好的基础。

本书图文并茂、通用性强，可作为中等职业学校机电类及相关专业的教材，也可作为再就业培训、学历进修人员的参考用书。

未经许可，不得以任何方式复制或抄袭本书之部分或全部内容。

版权所有，侵权必究。

图书在版编目（CIP）数据

钳工技能 / 吴继霞主编. —北京：电子工业出版社，2015.1
职业教育机电类专业课程改革创新规划教材

ISBN 978-7-121-25269-3

Ⅰ. ①钳… Ⅱ. ①吴… Ⅲ. ①钳工—中等专业学校—教材 Ⅳ. ①TG9

中国版本图书馆 CIP 数据核字（2014）第 303384 号

策划编辑：张　凌
责任编辑：张　凌　　　　特约编辑：王　纲
印　　刷：北京盛通数码印刷有限公司
装　　订：北京盛通数码印刷有限公司
出版发行：电子工业出版社
　　　　　北京市海淀区万寿路 173 信箱　邮编　100036
开　　本：787×1 092　1/16　印张：7.75　字数：198.4 千字
版　　次：2015 年 1 月第 1 版
印　　次：2024 年 7 月第 9 次印刷
定　　价：22.00 元

凡所购买电子工业出版社图书有缺损问题，请向购买书店调换。若书店售缺，请与本社发行部联系，联系及邮购电话：(010) 88254888，88258888。

质量投诉请发邮件至 zlts@phei.com.cn，盗版侵权举报请发邮件至 dbqq@phei.com.cn。

本书咨询联系方式：(010) 88254583，zling@phei.com.cn。

前　言

本书是根据 2009 年 5 月国家教育部颁发的《中等职业学校机械常识与钳工实训教学大纲》，并参照相关的国家职业技能标准和行业职业技能鉴定规范编写的。本书秉承"以就业为导向，以能力为本位"的教育教学改革总体思路，编写过程中考虑到以下几个因素。

1. 指导思想：按照教育部大纲要求和国家职业技能标准，以学生为主体，重视钳工基本操作技能培养及安全文明生产教育，注重学生职业意识、团队合作等素质的培养，并将其纳入实训考核标准中。

2. 编写原则：按照教育部中等职业教育教学大纲和培养目标的要求，遵循"必需、够用"的原则，以理论为引导，围绕实训展开教学，突出实训教材理实一体化的特点，及时将新工艺、新知识、新方法编入本书，着重培养学生的实际动手能力及解决问题的能力，并与钳工技能鉴定的考级、考证相结合，全面培养学生的钳工职业能力。

3. 编写模式：本书以项目为主线，以任务为目标，突出技能训练。在每个项目中以任务引领，通过"目标任务"、"工作过程"、"知识链接"等环节展开教学。各项任务的编排遵循由简单到复杂、由单项技能到综合技能的规律，并注重对学生过程性学习的评价，突出基础理论与基本技能相融合、职业标准与教学内容相结合的职业教育教学特色。

4. 内容设置：在介绍教育部大纲规定的必学内容的基础上，增加了錾削实训的知识，目的是为后期综合实训项目的开展奠定基础；同时增加了"知识拓展"等内容，介绍一些实用性强的选学内容，拓宽学生视野，提升专业素质；此外，在每一个任务结束后还增设了"学习巩固"的环节，巩固学生对知识和技能的学习。

5. 形式创新：本书在教学环节设计上层次分明，要求清晰，体例新颖，图文并茂，符合中等职业学校学生的认知水平和认知特点。本书语言简洁易懂，符合中职学生的阅读理解能力和自学能力。

本书由吴继霞主编，汪怡然、陈晨、蒋春兰、程榴芳、李明辉、吕芳参与编写。

由于编者水平有限，书中难免会有错误和疏漏，敬请广大读者批评指正。

编　者

目　　录

项目一 钳工入门知识

项目描述

钳工是用手工工具在台虎钳上进行手工操作的一个工种。钳工的主要任务是加工零件、装配、维修机器等，因此钳工在机械制造厂中是不可缺少的。

学习目标

1. 熟悉钳工工作场地的常用设备；
2. 掌握各类量具正确使用及维护保养的方法；
3. 能正确识读钳工加工零件图；
4. 掌握钳工的安全文明操作规程。

教学建议

要求学生树立安全生产、文明操作的职业思想，学会正确使用钳工常用的工具、夹具、量具及设备保养。

任务 1.1 钳工工作内容与常用设备

目标任务

1. 熟悉钳工工作场所；
2. 熟悉钳工加工的基本内容；
3. 掌握钳工常用设备的正确使用方法。

工作过程

1. 介绍钳工加工的基本内容和常用设备；
2. 演示钳工加工常用设备的使用。

知识链接

一、钳工的工作内容

钳工大多以手工工具在台虎钳上进行操作。目前,采用机械方法不太适宜或不能完成的某些工作,常由钳工来完成。钳工是按技术要求对工件进行加工、修整、装配的工种。其特点是灵活性强、工作范围广、技艺性强。

钳工是指利用台虎钳、锉刀、刮刀、手锤等各类工具加工和装配各种机器零配件的工种。钳工的基本操作技能包括:划线、錾削、锯削、锉削、钻孔、扩孔、锪孔、铰孔、攻螺纹和套螺纹、刮削、研磨、矫正和弯曲、铆接、装配和调试、测量和简单的热处理等。

随着现代机械工业日新月异的发展,钳工的工作范围也日益广泛,需要掌握的技术知识和技能也逐渐提高。钳工所用的工具一般比较简单,操作灵活,对操作工人的技术水平要求较高,易学难精,在某些情况下可以完成用机械加工不方便或难以完成的工作。

钳工劳动强度较大,生产效率较低,适于单件或小批量生产。在机械制造和修配工作中,钳工占有十分重要的地位。作为中等职业学校的学生,必须学好钳工理论,掌握划线、锯削、锉削、钻孔、铰孔、攻螺纹和套螺纹等基本钳工操作技能,为以后走上工作岗位打下坚实的基础。

二、钳工的常用设备

1. 钳台

钳台用来安装台虎钳和存放工量具,高度一般为 800～900mm。钳台也称钳桌,用木材或钢材制成,其式样可以根据要求和条件决定,如图 1-1 所示。

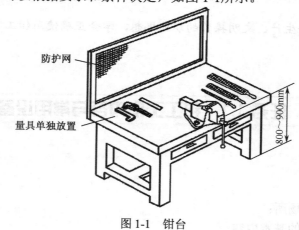

图 1-1　钳台

2. 台虎钳

台虎钳用于夹持工件,如图 1-2 所示。台虎钳有固定式和回转式两种,一般由固定钳身、活动钳身、螺母、夹紧盘、转盘座、长手柄和丝杠组成,利用螺旋传动中螺杆和螺母的旋合来夹紧和松开工件。工作中将台虎钳安装在钳台上,正确安装台虎钳的标准有两点:一是固定钳口与钳桌边缘平行，略出一点更好，目的是确保夹持长工件时，不受钳台的阻碍；二是台虎钳的安装高度应该与操作者的身高相适应，一般安装上台虎钳后，钳口的高度应与操作者的手肘平齐，使操作方便省力，如图1-2（c）所示。

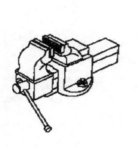
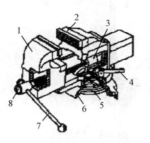

（a）固定式　　　　　　　　（b）回转式　　　　　　（c）台虎钳的安装高度
1—活动钳身；2—固定钳身；3—螺母；4—短手柄；5—夹紧盘；6—转盘座；7—长手柄；8—丝杠

图1-2　台虎钳

台虎钳的规格用钳口宽度来表示。常用的规格有100mm（4英寸）、125mm（5英寸）、150mm（6英寸）等。

使用台虎钳应注意的事项如下：

（1）工件应夹在台虎钳钳口的中部，使钳口受力均匀。

（2）当转动手柄夹紧工件时，手柄上不允许套上套管或用锤敲击，以免损坏虎钳丝杠或螺母上的螺纹。

（3）不能在活动钳身的光滑平面上敲击作业，以免破坏它与固定钳身的配合性能。

（4）加工时用力方向最好朝向固定钳身。

（5）丝杠、螺母等活动表面，应经常保持清洁，并及时润滑，以防止生锈。

3．砂轮机

砂轮机用来磨削各种刀具和工具，如磨削钻头、錾子、刮刀等，如图1-3所示。

砂轮是由磨料与黏结剂等黏结而成的，质地硬而脆，工作时转速较高。使用砂轮机时，应该遵守操作规程，牢记安全第一的宗旨，严防发生砂轮碎裂等意外事故。因此，在具体操作时应注意以下几点：

（1）开机时注意砂轮的旋转方向是否与砂轮罩上的箭头方向一致，使磨屑向工件下方飞离，而不致伤人。

（2）砂轮启动后，要稍等片刻，待砂轮转速进入正常平稳状态后再进行磨削。

（3）砂轮机的托架与砂轮间的距离一般应保持在3mm以内，间距过大容易将刀具或工件挤入砂轮与托架之间，造成事故。

（4）磨削过程中，操作者应该站在砂轮的侧面或斜对面，千万不要站在正对面，以防发生人身事故。

图 1-3　砂轮机

4．台钻

台钻是一种小型机床，主要用于钻孔，一般为手动进给，其转速由带轮调节获得。台钻灵活性较大，适用于很多场合。

一般台钻的钻孔直径小于 13mm，代号用字母 Z 表示。台式钻床的规格是指所钻孔的最大直径。

台钻的安全操作规程如下：

（1）由专人负责设备的定期技术保养，严禁未经专业培训的人员使用。

（2）使用钻床时，绝对不可以戴手套；变速前必须先停车。

（3）钻头装夹必须牢固可靠，闲杂人员不可在旁观看。

（4）钻通孔时，使钻头通过工作台让刀，或在工件下垫木块，避免损伤工作台面。

（5）钻孔时要夹紧工件，尤其是薄金属件，严禁甩出伤人。

（6）钻削用力不可过大，钻削量必须控制在允许的技术范围内。

（7）使用结束后必须关闭电源。

New 学习巩固

一、填空题

1．钳工工作的主要任务是_____、装配、_____等。

2．钳工的常用设备有_____、_____、_____、_____。

3．一般台钻的钻孔直径小于_____，钻床代号用_____表示。

二、判断题

1．钳台高度一般为 500～600mm。　　　　　　　　　　　　　　　　　　（　　　）

2．台虎钳的规格是用虎钳高度表示的。　　　　　　　　　　　　　　　（　　　）

三、论述题

1. 简述钳工的概念和作用。
2. 简述钳工的各项基本操作技能。
3. 简述学习钳工的重要性。

任务 1.2 量具使用

目标任务

1. 认识钳工常用的量具；
2. 正确识读游标卡尺、千分尺、万能角度尺等各类量具。

工作过程

1. 讲解游标卡尺和千分尺等量具的结构和工作原理；
2. 演示游标卡尺、千分尺、万能角度尺的读数方法。

知识链接

量具用于测量工件的尺寸。量具的种类很多，常用的有钢直尺、游标卡尺、外径千分尺、百分表、万能角度尺和塞尺等。下面主要介绍常用的游标卡尺、外径千分尺等基本量具的使用方法。

一、游标卡尺

游标卡尺是一种常用的中等精度的量具，使用简便，应用范围很广，可以用来测量工件的外径、内径、长度、宽度、厚度、深度及孔距等。

游标卡尺刻度的全长即为游标卡尺的规格（最大测量范围），如 0～125mm、0～200mm、0～300mm 等。

1. 游标卡尺的结构

如图 1-4 所示是常用游标卡尺的结构，主要由主尺 1 和游标 3 组成。主尺上刻有刻度，每格为 1mm；游标可在主尺上滑移，上面刻有刻度。紧固螺钉 4 可以固定和松开游标。下量爪 7 用来测量工件的外径和长度，上量爪 2 可以测量孔径或槽宽，测深标尺 5 用来测量深度尺寸。测量时，先移动游标，使量爪与工件接触，取得尺寸后，拧紧螺钉 4 再读数，以免尺寸变动。

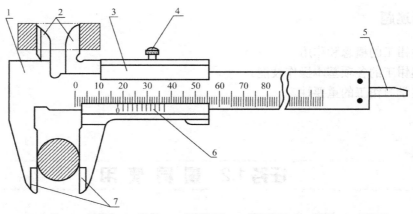

1—主尺；2—上量爪；3—游标；4—紧固螺钉；5—测深标尺；6—游标；7—下量爪

图 1-4　游标卡尺的结构

2．游标卡尺的刻线原理（以 0.02mm 游标卡尺为例）

游标刻线总长为 49mm，等分成 50 格，因此，每格为 49/50=0.98mm。主尺与游标相对一格之差为 0.02mm，所以其测量精度为 0.02mm。

3．游标卡尺的读数方法

根据游标卡尺的刻线原理，用游标卡尺进行测量时，首先从主尺上读出尺寸的整数毫米值，再从游标上读出小数毫米值，这两个数值之和即为测得的工件的尺寸数值。具体读数方法分三个步骤。

（1）在主尺上读出游标零线（零刻度线）以左所对应主尺上的最大整数毫米值。

（2）找出游标上与主尺刻度对齐的那一根刻线所表示的刻度数值，用该刻度数值乘以精度值，即为尺寸的小数毫米值。

（3）将整数读数与小数读数相加所得之和即为被测零件的尺寸。

如图 1-5 所示为 0.02 mm 游标卡尺，读数为 8+17×0.02=8.34mm。

如图 1-6 所示为 0.02 mm 游标卡尺，读数为 16+22×0.02=16.44mm。

图 1-5　0.02 mm 游标卡尺读数实例一　　　图 1-6　0.02 mm 游标卡尺读数实例二

4．游标卡尺使用注意事项

（1）使用前应擦净卡脚，将两脚闭合，检查主尺与游标零线是否对齐。若不对齐，则在测量后根据原始误差修正读数。

（2）用游标卡尺测量时，首先使卡脚逐渐与工件表面靠近，最后达到轻微的接触，不要用力过猛，以免损坏尺面和工件。

（3）测量时，卡脚不得用力紧压工件，以免卡脚变形或磨损，影响测量的准确度。

（4）游标卡尺仅用于测量已加工的光滑表面，不要用它检测表面粗糙的工件或正在运动的工件，以免卡脚过快磨损。

二、千分尺

外径千分尺是一种精密量具，它的测量精度比游标卡尺高，而且使用方便，测力恒定，调整简单，应用广泛。对于加工尺寸精度要求较高的工件，一般常采用外径千分尺进行测量。

1．千分尺的结构和工作原理

外径千分尺主要由尺架 1、测微螺杆 6、固定套筒 2、活动套筒 4、测力装置 7 和锁紧装置 5 等部分组成，如图 1-7 所示。尺架为一弓形零件，是外径千分尺的基础件，各组成部分都装在它的上面。当转动活动套筒 4 时，测微螺杆 6 便做轴向移动，逐渐接触工件；当测微螺杆 6 即将接触工件时，转动测力装置 7 来控制测微螺杆 6 对工件施加测量力，并保持恒定，以免由于测量力不同而产生测量误差。可扳动锁紧装置 5 将测微螺杆 6 锁紧。

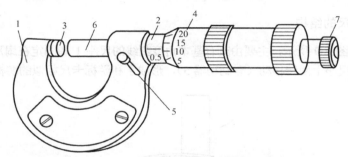

1—尺架；2—固定套筒；3—测砧；4—活动套筒；5—锁紧装置；6—测微螺杆；7—测力装置

图 1-7　外径千分尺的结构

千分尺测微螺杆的螺距为 0.5mm。活动套筒每转一周，测微螺杆便轴向移动 0.5mm。活动套筒的外圆面上沿圆周方向均匀分为 50 格，当活动套筒转过一小格时，测微螺杆便沿轴线移动 0.5 /50=0.01mm，因此千分尺的测量精度为 0.01mm。

应当注意：在外径千分尺的固定套筒上刻有一条基准线，作为活动套筒的读数基准线，将固定套筒分为上、下两部分，在上、下两部分上均刻有刻度，相邻两刻线的间距为 1mm，且上下尺寸相互错开 0.5mm。上面一排刻线标出的数字，表示毫米整数值；下面一排刻线未标数字，表示对应于上面刻线的半毫米值。读数时要注意，不可错读或漏读 0.5mm。

2．千分尺的读数方法

（1）读出固定套筒上露出的刻线尺寸。

（2）读出活动套筒圆周上与固定套筒的水平基准线对齐的刻线数值，乘以 0.01mm 便是活动套筒上的尺寸。

（3）最后将这两个尺寸相加，就是千分尺测得的尺寸。

3．使用千分尺时的注意事项

（1）测量前应擦净千分尺。

（2）工件要准确地放置在千分尺测量面间，不可倾斜，以免读数不准确。

（3）测量时应握住弓架。当螺杆即将接触工件时必须使用右侧的测力装置，转动1～2圈，直至听到"嘎嘎"声为止，以保证恒定的测量压力。

（4）千分尺属于精密量具，只适用于测量精确度较高的尺寸，不宜测量粗糙表面。

如图1-8所示为千分尺的读数实例。

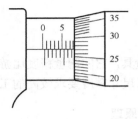 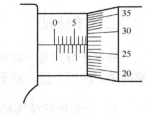

读数=8+27×0.01=8.27mm　　　　读数=8.5+27×0.01=8.77mm

图1-8　千分尺读数实例

三、万能角度尺

万能角度尺是用来测量工件内外角度的量具，也可用来进行角度划线。万能角度尺按照游标的测量精度分为2′和5′两种，其中使用较多的是测量精度为2′的万能角度尺。

1．万能角度尺的结构

万能角度尺如图1-9所示，主要由刻有基本角度刻线的尺座1和固定在扇形板6上的游标3组成。扇形板可在尺座上回转移动（有制动器5），形成了和游标卡尺相似的游标读数机构。

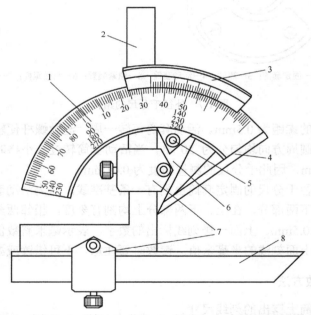

1—尺座；2—直角尺；3—游标；4—基尺；5—制动器；6—扇形板；7—卡块；8—直尺

图1-9　万能角度尺

2．万能角度尺的刻线原理和读数方法

精度为2′的万能角度尺尺座上的刻度线每格1°，由于游标上刻有30格，所占的总角度为29°，每格所对应的角度是29°/30，因此，游标1格与尺身1格相差

$$1° - \frac{29°}{30} = \frac{1°}{30} = 2'$$

即万能角度尺的精度为 $2'$。

　　万能角度尺的读数方法和游标卡尺相同，先读出游标零线以左的角度"度"的数值，再从游标上读出角度"分"的数值，两者相加就是被测零件的角度数值。

　　安装万能角度尺时，如果角尺和直尺全装上，可测量 $0°\sim50°$ 的外角度，如图1-10（a）所示；仅装上直尺时，可测量 $50°\sim140°$ 的角度，如图1-10（b）所示；仅装上直角尺时，可测量 $140°\sim230°$ 的角度，如图1-10（c）所示；把角尺和直尺全拆下时，可测量 $230°\sim320°$ 的角度，如图1-10（d）所示。

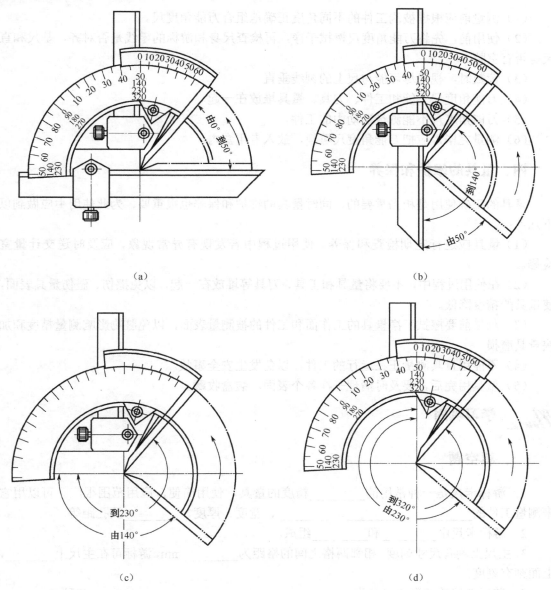

(a)　　　　　　　　　　　　　　　　(b)

(c)　　　　　　　　　　　　　　　　(d)

图1-10　万能角度尺的应用

如图 1-11 所示为万能角度尺的读数实例。读数为 $9°+8×2'=9°16'$。

图 1-11　万能角度尺读数实例

3．万能角度尺的使用注意事项

（1）测量前应根据被测工件的不同角度正确地组合万能角度尺。

（2）使用前，先将万能角度尺擦拭干净，再检查尺身和游标的零线是否对齐，基尺和直尺是否有空隙。

（3）读数时，视线尽可能与尺上的刻线垂直。

（4）万能角度尺不能和工件、刀具、量具堆放在一起。

（5）万能角度尺不能测量运动中的工件。

（6）测量完毕，应把万能角度尺擦净，放入专用盒内。

四、量具的维护和保养

量具的正确使用是相当重要的，同时量具的维护和保养也很重要，为此使用中应做到以下几点：

（1）量具应进行定期检查和保养。使用过程中若发现有异常现象，应及时送交计量室检修。

（2）在使用过程中，不要将量具和工具、刀具等堆放在一起，以免擦伤、碰伤量具表面，使量具的精度降低。

（3）测量前要擦拭干净量具的工作面和工件的被测量表面，以免脏物影响测量精度和加快量具磨损。

（4）不能用量具测量正在运行的工件，以免发生安全事故。

（5）量具用完后，要及时清理干净各个表面，装盒收藏。

New 学习巩固

一、填空题

1．游标卡尺是一种常用的_____精度的量具，使用简便，应用范围很广。可以用它来测量工件的_____、_____、_____、宽度、厚度、_____及孔距等。

2．游标卡尺由_____和_____组成。

3．主尺上刻有尺寸刻度，相邻两格之间的格距为_____mm，游标可在主尺上_____，上面刻有刻度。

4．游标卡尺的读数值可分为_____mm、_____mm、_____mm 三种。

5．0.02mm 的游标卡尺，游标刻线总长为_____mm，并等分成 50 格，因此，每格长度为_____mm。主尺与游标相对一格之差为_____mm，所以其测量精度为 0.02mm。

6．外径千分尺主要由_____、_____、_____、_____、_____和_____等部分组成。

7．万能角度尺先读出游标_____前的角度是几度，再从游标上读出角度"分"的数值，两者相加就是被测零件的角度数值。

8．万能角度尺不能测量_____中的工件。

9．万能角度尺可以测量_____的任何角度。

二、判断题

1．某一游标卡尺精度为 0.02mm，测量某一零件的深度，读出的数值为 6.87mm。（   ）

2．某一游标卡尺精度为 0.02mm，测量某一零件的长度，读出的数值为 12.322mm。（   ）

三、论述题

1．简述游标卡尺的读数方法。

2．简述千分尺的读数方法。

3．简述游标卡尺读数时的注意事项。

4．简述千分尺读数时的注意事项。

5．简述万能角度尺读数时的注意事项。

四、读出下列尺寸

1．读出图 1-12 所示的游标卡尺（0.02mm）读数。

图 1-12 游标卡尺

2．读出图 1-13 所示的千分尺读数。

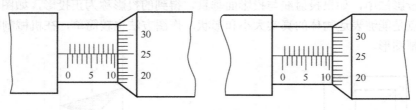

图 1-13 千分尺

3．读出图 1-14 所示的万能角度尺的读数。

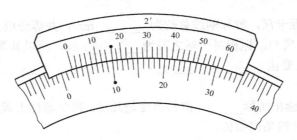

图 1-14　万能角度尺

任务 1.3　机械识图基本知识

目标任务

1．了解投影法的概念和种类；
2．掌握三视图的形成及投影规律；
3．准确识读简单形体的三视图。

工作过程

1．讲解投影法的基本知识、三视图的形成及投影规律；
2．讲述简单形体的识读方法。

知识链接

一、投影法的基本概念

投影法就是一组射线通过物体射向预定平面而得到图形的方法。一般可分为两大类：一类叫做中心投影法，一类叫做平行投影法。机械制图中常用平行投影法。

在图 1-15 中，四条互相平行的投影线，将四边形 *ABCD* 投影到投影面上，得到与实际轮廓大小相等的投影 *abcd*，这种投影线相互平行的投影法称为平行投影法。在平行投影法中，根据投射线与投影面所成的角度不同，可分为斜投影法和正投影法两种。

在平行投影法中，如果投射线与投影面垂直，得到的投影称为正投影，如图 1-16 所示。正投影的优点是能够表达物体的真实大小和形状，作图方法也较简单，在机械制图中，多用正投影来绘制图形。

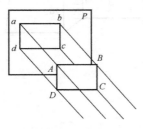

图 1-15　平行投影法

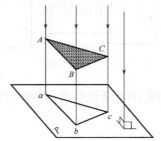

图 1-16　正投影

二、三视图

1．三投影面体系的建立

为了准确地表达物体的形状和大小，我们选取互相垂直的三个投影面，如图 1-17 所示。三个投影面的名称和代号如下。

正面　正对观察者的投影面，用"V"表示。

侧面　右边侧立着的投影面，用"W"表示。

水平面　水平放置的投影面，用"H"表示。

这三个互相垂直的投影面构成一个三投影面体系。三个投影面垂直相交的交线 OX、OY、OZ，称为投影轴。

OX 轴：是 V 面和 H 面的交线，它代表长度方向。

OY 轴：是 H 面和 W 面的交线，它代表宽度方向。

OZ 轴：是 V 面和 W 面的交线，它代表高度方向。

三个投影轴的交点 O，称为原点。

当物体分别向三个投影面作正投影时，得到物体的正面投影、侧面投影和水平面投影。

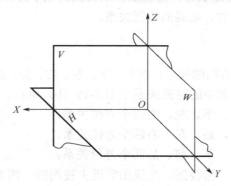

图 1-17　三投影面体系

2．三视图的形成

在三投影面体系中，假设把物体放在观察者与投影面之间图[1-18（a）]，把观察者的视线看成投影线，采用正投影的方法观察图形，从而得到各个视图，分别命名如下。

主视图：由物体的前方向后方投影所得到的视图。

俯视图：由物体的上方向下方投影所得到的视图。

左视图：由物体的左方向右方投影所得到的视图。

为了把空间的三个视图画在一个平面上，就必须把三个投影面展开到一个平面上。展开的方法是正面保持不动，水平面绕 OX 轴向前旋转 90°，侧面绕 OZ 轴向右旋转 90°，这样水平面和侧面就和正面展示在一个平面上，如图 1-18（b）所示。这样展开在一个平面上的三个视图，称为三视图。去除投影面的边框后，就得到物体的三视图，如图 1-18（c）所示。将投影轴进一步省略，得到图 1-18（d）所示的三视图。

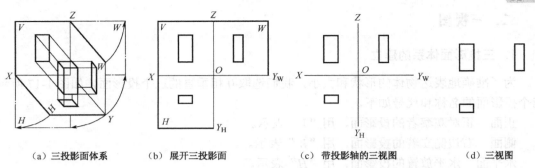

（a）三投影面体系　　（b）展开三投影面　　（c）带投影轴的三视图　　（d）三视图

图 1-18　三视图的形成

三、三视图的投影规律

从三视图的形成过程中，可以总结出三视图的位置关系、方位关系、投影规律。

1. 位置关系

由图 1-19 可知，主视图在上方，俯视图在主视图的正下方，左视图在主视图的正右方。因此，三视图就具有了具体的、明确的位置关系。

2. 方位关系

物体有长、宽、高三个方向的尺寸，有上、下、左、右、前、后六个方位关系，如图 1-19（a）所示。六个方位在三视图中的对应关系如图 1-19（b）所示。

主视图反映了物体的上、下、左、右四个方位关系。

俯视图反映了物体的前、后、左、右四个方位关系。

左视图反映了物体的上、下、前、后四个方位关系。

注意：以主视图为中心，俯视图、左视图靠近主视图的一侧为物体的后面，远离主视图的一侧为物体的前面。

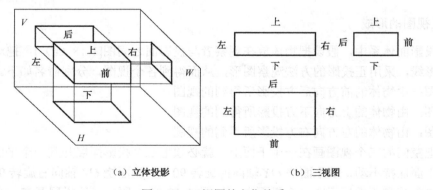

（a）立体投影　　　　　　　　（b）三视图

图 1-19　三视图的方位关系

3. 投影规律

从物体的三视图中[图 1-19（b）]，我们可以看出：主视图反映物体的长度和高度，俯视图反映物体的长度和宽度，左视图反映物体的高度和宽度。由于三个视图反映的是同一物体的尺寸，所以其长、宽、高的数值是一致的。因此，三视图之间的投影对应关系如下。

主视图与俯视图等长：长对正。

主视图与左视图等高：高平齐。

俯视图与左视图等宽：宽相等。

上述"三等"关系，简单地说就是"长对正，高平齐，宽相等"。三等关系反映了三个视图之间的投影规律，是我们看图、画图和检查图样的依据。

四、简单形体三视图的识读

表达机器零件，都采用图样上视图的形式。掌握基本形体的三视图特征，正确识读三视图，是相当重要的。下面以长方体为例说明基本形体三视图的读法，如图 1-20 所示。

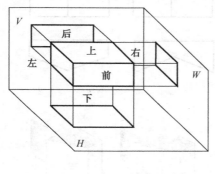
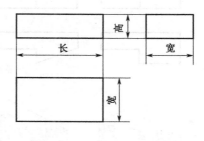

（a）立体投影　　　　　　　　　　（b）三视图

图 1-20　长方体及其三视图

如图 1-20（a）所示，长方体共有六个表面：前面、后面、上面、下面、左面、右面。主视图反映长方体的长和高，从前方正对着长方体观察。它的图形是一个长方形的线框，反映了前面的实形，如图 1-20（b）所示。

再从上向下正对着长方体观察其俯视图，俯视图反映了长方体的长和宽。其图形也是一个长方框。这个线框反映了长方体上面的实形。

最后从左向右正对着长方体观察其左视图，左视图反映了长方体的宽和高。所得图形仍然是一个长方形线框。这个线框反映了长方体左面的实形。

New 学习巩固

一、填空题

1．在平行投影法中，如果投射线与投影面垂直，得到的投影称为_____。

2．机械制图的投影规律是_____、_____和_____。

3．主视图反映了物体的_____、_____、_____和_____四个方位关系；俯视图反映了物体的_____、_____、_____和_____四个方位关系。

二、判断题

1. 在绘制三视图时，俯视图放置在主视图的正下方。　　　　　　　（　　　）
2. 左视图中，远离主视图的是前方。　　　　　　　　　　　　　　（　　　）

三、选择题

1. 在主、左视图中，遵循的投影规律是（　　　）。

A. 长对正　　　　　　　B. 高平齐　　　　　　　C. 宽相等　　　　　　D. 宽对正

2. 看图 1-21，将正确选项填写在括号中。

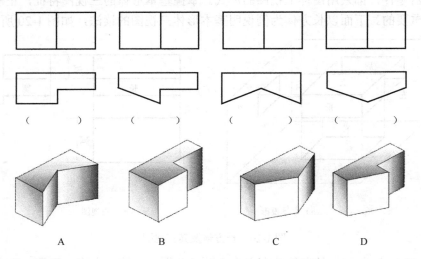

　（　　　）　　　　　（　　　）　　　　　（　　　）　　　　　（　　　）

A　　　　　　　　　B　　　　　　　　　C　　　　　　　　　D

图 1-21　习题图

四、作业图

画出图 1-22 所示的三视图。

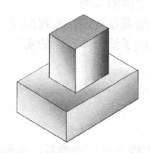

图 1-22　立体图

任务 1.4　偏差与公差的基本知识

目标任务

1. 了解尺寸的相关定义；
2. 理解偏差与公差的含义；
3. 准确判断零件尺寸允许的变动量。

工作过程

1. 讲解尺寸、偏差和公差的基本知识；
2. 分析简单零件加工的尺寸范围。

知识链接

一、尺寸的有关定义

1. 尺寸

以特定单位表示线性尺寸的数值称为尺寸。尺寸包括数字和单位两部分，如 40mm，6mm 等。在机械制造中，一般常用毫米（mm）作为尺寸的特定单位。（本书中未注尺寸单位默认为 mm）

2. 基本尺寸

基本尺寸是设计时给定的尺寸，可以是一个整数或一个小数，如 32，13，8.75，0.5 等。孔的基本尺寸用"L"表示，轴的基本尺寸用"l"表示。

3. 实际尺寸

实际尺寸是通过测量所得到的尺寸。孔的实际尺寸用"L_a"表示，轴的实际尺寸用"l_a"表示。

4. 极限尺寸

极限尺寸是允许尺寸变化的两个界限值。它也是设计时给定的。两个界限值之中较大的一个称为最大极限尺寸，较小的一个称为最小极限尺寸。

孔的最大极限尺寸用"L_{max}"表示，最小极限尺寸用"L_{min}"表示；轴的最大极限尺寸用"l_{max}"表示，最小极限尺寸用"l_{min}"表示。

二、尺寸偏差的有关定义

尺寸偏差是某一尺寸减其基本尺寸所得的代数差。

1. 极限偏差

极限尺寸与基本尺寸的代数差称为极限偏差，极限偏差包括上偏差和下偏差。

（1）上偏差：最大极限尺寸减去基本尺寸所得的代数差。

孔的上偏差用"ES"表示，轴的上偏差用"es"表示。

（2）下偏差：最小极限尺寸减去基本尺寸所得的代数差。

孔的下偏差用"EI"表示，轴的下偏差用"ei"表示。

在零件图上或技术文件中，标注基本尺寸的极限偏差时，国标规定：上偏差标在基本尺寸的右上角，下偏差标在基本尺寸的右下角，如$30^{+0.25}_{-0.10}$。

2．实际偏差

实际尺寸与基本尺寸的代数差称为实际偏差。

由于极限尺寸和实际尺寸可以大于、小于或等于基本尺寸，所以偏差可以是正值、负值或零。零件合格的要求是实际偏差在极限偏差之间。

三、尺寸公差

零件在制造过程中，最大极限尺寸不可能等于最小极限尺寸，否则既不现实，也没有必要，它们之间必然有一个差值，这个差值就是尺寸允许的变动量。我们称之为公差。它的大小等于最大极限尺寸与最小极限尺寸之差，或上偏差与下偏差之差。

公差是一个绝对值，且不能为零，其值是由设计人员根据零件的使用精度要求和制造的经济性给定的。

孔的公差用"T_h"表示，轴的公差用"T_s"表示。

上述定义可以写成下列计算公式：

$$T_h = L_{max} - L_{min} = ES - EI$$
$$T_s = l_{max} - l_{min} = es - ei$$

例如，某孔尺寸为$30^{+0.25}_{-0.10}$，则有

$$L = 30,\ ES = +0.25,\ EI = -0.01$$
$$L_{max} = L + ES = 30.25,\ L_{min} = L + EI = 29.90$$
$$T_h = ES - EI = 0.25 - (-0.10) = 0.35$$

四、标准公差

1．标准公差的定义

国家标准表列的、用以确定公差带大小的任一公差，称为标准公差。

设置标准公差的目的在于将公差带的大小加以标准化，即将尺寸的精确程度加以标准化。

2．公差等级

用以确定尺寸精确程度的等级称为公差等级。国标规定：标准公差分为 20 级，各级标准公差用代号 IT 及数字表示。全部标准公差等级为 IT01，IT0，IT1，IT2，IT3，…，IT18。从 IT01 到 IT18，公差等级依次降低，而相应的公差值依次增大，即 IT01 精度最高，公差值最小；IT18 精度最低，公差值最大。

学习巩固

一、填空题

1. 极限尺寸是设计时给定的。较大的一个称为_____，较小的一个称为_____。

2. 孔的尺寸为$30^{+0.25}_{-0.10}$，则最大极限尺寸=_____，最小极限尺寸=_____。

3. 极限偏差包括_____和_____。

4. 公差等于最大极限尺寸与_____之差，或_____与_____之差。

二、选择题

1. 一个孔的直径为$\phi 40 \pm 0.05$，则最小极限尺寸为_____，最大极限尺寸为_____。

　　A．$\phi 40.05$　　　　B．$\phi 39.95$　　　　C．$\phi 40$　　　　D．$\phi 39.99$

2. 尺寸$12^{+0.14}_{0}$的公差为_____。

　　A．+0.14　　　　B．0　　　　C．0.14　　　　D．0.07

三、判断题

1. 零件的实际尺寸位于所给定的两个极限尺寸之间，则零件的该尺寸合格。　　　（　　）

2. 零件的实际尺寸取基本尺寸时，尺寸一定合格。　　　　　　　　　　　　　　（　　）

3. 国标规定：公差等级为 20 个等级。　　　　　　　　　　　　　　　　　　　（　　）

4. 某尺寸标记为$10^{+0.20}_{+0.20}$，是正确的。　　　　　　　　　　　　　　　　　　（　　）

5. 公差一般为正，在个别情况下也可以为负或零。　　　　　　　　　　　　　　（　　）

四、计算题

有一个孔$\phi 80^{+0.032}_{0}$，试计算最大极限尺寸 L_{max}、最小极限尺寸 L_{min} 和公差 T_h。

任务 1.5　形位公差

目标任务

1. 了解形位公差代号的组成；

2. 明确各形位公差特征项目符号的含义；

3. 准确识读形位公差的含义。

工作过程

1. 讲解形位公差代号的组成；

2．介绍形位公差特征项目符号。

📖知识链接

任何机器都是由若干个零件组合而成的，而零件是由点、线、面构成的几何体。这些零件通常是经过机械加工得到的。在机械加工过程中，由于变形、振动、磨损及工艺系统的误差等种种因素的影响，必然使加工后的零件产生形状和位置误差。

例如，直径为 10mm 的轴与孔配合，轴的任一局部实际尺寸都是合格的，但是却不能装入标准孔中，就是因为轴存在形状误差。通俗地讲，所谓形状误差，就是指构成零件的点、线、面本身，该直的直线不直，该平的平面不平，该圆的不圆等；所谓位置误差，就是指构成零件的点、线、面相对于基准的位置，该平行的不平行，该垂直的不垂直等。在设计零件时，根据零件的功能要求和制造的经济性，对零件的形位误差加以限制，即规定适当的形状和位置公差，简称形位公差。

国标规定：在图样中形位公差采用符号标注，当无法用符号标注时，允许在技术要求中用相应的文字说明。

一、形位公差代号

形位公差代号包括：形位公差特征项目符号、形位公差的框格和指引线、形位公差的数值和其他有关符号、基准符号。

二、形位公差特征项目符号

形位公差特征项目符号见表 1-1，分为形状公差、形状或位置公差和位置公差三大类。形状公差有四项：直线度、平面度、圆度、圆柱度；形状或位置公差有两项：线轮廓度、面轮廓度；位置公差共有八项：平行度、垂直度、倾斜度、对称度、同轴度、位置度、圆跳动、全跳动。所以形位公差特征项目共 14 项，分别用 14 个符号表示。

表 1-1　形位公差特征项目符号

公　差	特　征	符　号	公　差	特　征	符　号
形状	直线度	——	位置	平行度	//
	平面度	▱		定向	垂直度	⊥
	圆度	○			倾斜度	∠
	圆柱度	⌭		定位	位置度	⊕
					同轴度	◎
形状或位置	线轮廓度	⌒			对称度	=
	面轮廓度	⌒		跳动	圆跳动	↗
					全跳动	↗↗

三、形位公差的框格与指引线

形位公差的标注采用框格形式，框格用细实线绘制，如图 1-23（a）所示。框格可画成水平的或垂直的。每一个公差框格内只能表达一项形位公差的要求，公差框格根据公差的内容要求可分两格和多格。框格内从左到右要求填写以下内容。

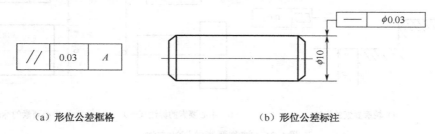

(a) 形位公差框格　　　　　　　　　　(b) 形位公差标注

图 1-23　用框格标注形位公差

第一格——公差特征项目符号。

第二格——公差数值和有关符号、以线性尺寸为单位表示的量值。形位公差的数值从相应的形位公差表中查出。如果公差带为圆形或圆柱形，公差值前应加注符号"ϕ"；如果公差带为球形，公差值前应加注符号"$S\phi$"。

第三格和以后各格——基准符号和有关符号。

因为形状公差无基准，所以形状公差只有两格，如图 1-23（b）所示。而位置公差因为含有基准，所以其框格可用三格和多格。

四、基准符号

在上述 14 种形位公差特征项目符号中，对于有形状或位置公差、位置公差项目要求的零件的被测要素，在图样上必须标有基准符号，如图 1-24 所示。带圆圈的大写字母通过细实线与涂黑的或空心（含义相同）的基准三角形相连，三角形的直边与基准相连；表示基准的字母应注在公差框格内，圆圈的直径与框格的高度相同，圆圈内的字母一律字头向上水平大写。基准字母的书写如图 1-25 所示。为了不引起误解，字母 E、I、J、M、O、P、L、R、F 不采用。

图 1-24　基准符号　　　　　　　　　图 1-25　字母水平书写

注：GB/T 1182—1996（旧国标）中规定的基准符号为 ⌖ 。

五、形位公差的识读

1. 被测要素

标注被测要素时，用指引线连接被测要素和公差框格。指引线引自框格的任意一侧，终端带一个箭头。

（1）轮廓要素。

如果指引线箭头指在被测要素的轮廓线或其引出线上，并明显地与尺寸线错开，则被测要素为线或表面等的轮廓要素，如图 1-26（a）所示。

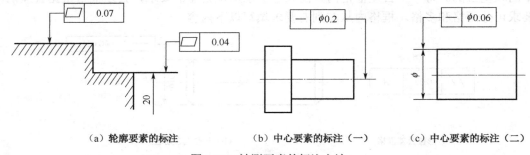

（a）轮廓要素的标注　　　　（b）中心要素的标注（一）　　　　（c）中心要素的标注（二）

图 1-26　被测要素的标注方法

（2）中心要素。

如果指引线箭头直接指在轴线或中心线上，则被测要素为整体轴线或公共中心平面，如图 1-26（b）所示；当指引线箭头与尺寸线对齐时，则被测要素为轴线、球心或中心平面等中心要素，如图 1-26（c）所示。

2．基准要素

（1）轮廓要素。

当基准要素为轮廓线或轮廓面时，基准符号应放置在要素的轮廓线或其延长线上，并应与尺寸线明显错开，如图 1-27（a）所示。

（2）中心要素。

当基准要素为轴线、球心或中心平面等中心要素时，基准符号应与该要素的尺寸线箭头对齐，如图 1-27（b）所示；当基准要素为整体轴线或公共中心平面时，基准符号可直接靠近公共轴线标注，如图 1-27（c）所示。

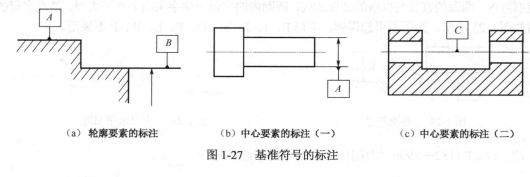

（a）轮廓要素的标注　　　　（b）中心要素的标注（一）　　　　（c）中心要素的标注（二）

图 1-27　基准符号的标注

✎ 学习巩固

一、填空题

1．形状公差有＿＿＿＿＿＿、＿＿＿＿＿＿和＿＿＿＿＿＿。

2．形位公差框格的第一格表示＿＿＿＿＿＿符号，第二格表示＿＿＿＿＿＿，第三格及以后各格表示＿＿＿＿＿＿。

3．基准符号圆圈内的字母一律字头＿＿＿＿＿＿水平大写。

二、判断题

1．符号◎表示同轴度。 （ ）

2．符号○表示同轴度。 （ ）

3．在图样上，当指引线箭头指在被测要素的轮廓线或其引出线上，并明显地与尺寸线错开时，则表示被测要素为线或表面等轮廓要素。 （ ）

4．当基准要素的指引线箭头与尺寸线对齐时，则被测要素为轴线、球心或中心平面等中心要素。 （ ）

三、选择题

1．符号／／表示（ ）。

A．直线度 B．平面度 C．圆度 D．圆柱度

2．如图1-28所示，检测的是（ ）的直线度。

A．粗轴的轴线 B．细轴的轴线 C．整个轴线 D．上表面

3．如图1-29所示，检测的是（ ）平面度。

A．上表面 B．上面的一条线 C．左侧面 D．不确定

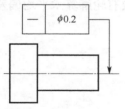

图1-28 直线度

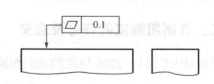

图1-29 平面度

四、论述题

1．零件为什么要有形位公差要求？形位公差的意义是什么？

2．形位公差有哪些特征项目？

3．解释图1-30中各项形位公差的含义。

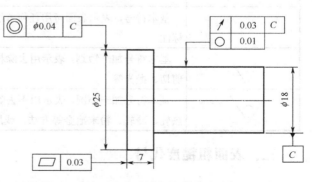

图1-30 形位公差解读

任务 1.6　表面粗糙度

**目标任务**

1．了解表面粗糙度的概念；
2．准确识读表面粗糙度符号含义。

工作过程

1．介绍表面粗糙度符号；
2．识读表面粗糙度符号。

知识链接

一、表面粗糙度概述

零件在加工过程中，受刀具的形状和刀具与工件之间的摩擦、机床振动等因素的影响，表面不可能绝对光滑，零件表面存在着高低不平的痕迹。这些由较小间距的峰谷所组成的微观几何形状特性称为表面粗糙度。

根据 GB/T 3503—2009 的规定，评定表面粗糙度的参数主要有轮廓算术平均偏差和轮廓最大高度，分别用 Ra 和 Rz 表示。

二、表面粗糙度的符号及意义

国标 GB/T 131—2006 规定的表面粗糙度符号见表 1-2。

表 1-2　表面粗糙度符号

符　　号	意义及说明
$\sqrt{}$	基本符号，表示表面可用任何方法获得。（单独使用无意义）仅适用于简化代号标注
$\sqrt{}$	基本符号加一短划，表示用去除材料的方法获得的表面。例如：车、铣、钻、磨、剪切、抛光等
$\sqrt{}$	基本符号加一小圆，表示用不去除材料的方法获得的表面。例如：铸、锻、冲压、热轧、冷轧、粉末冶金等方法，或用于保持原供应状况的表面

三、表面粗糙度代号

在表面粗糙度符号的基础上，注出表面粗糙度数值及有关的规定项目后，便组成了表面粗糙度代号，其意义见表 1-3。

表面粗糙度高度参数值的单位是 μm。只标注一个值时，表示上限值；标注两个值时，表示上限值和下限值。

表 1-3 表面粗糙度代号意义

符 号	意义及说明
$Ra\ 1.6$	用去除材料的方法获得的表面，Ra 的上限值为 1.6μm（默认评定长度为 5 个取样长度、16%规则）
$Rz\ 3.2$	用不去除材料的方法获得的表面，Rz 的上限值为 3.2μm（默认评定长度为 5 个取样长度、16%规则）
$URa\ 3.2$ $LRa\ 1.6$	用去除材料的方法获得的表面，Ra 的上限值为 3.2μm，下限值为 1.6μm（默认评定长度为 5 个取样长度、16%规则）
$Ra\ 1.6$ $Rz\ 6.3$	用去除材料的方法获得的表面，Ra 的上限值为 1.6μm，Rz 的上限值为 3.2μm（默认评定长度为 5 个取样长度、16%规则）

四、表面粗糙度的标注

在图样上，表面粗糙度符号一般应注在可见轮廓线上，也可注在尺寸界线、引出线或其延长线上。符号的尖端必须从材料外指向表面，代号中数字及符号的注写方向必须与尺寸数字方向一致，如图 1-31 所示。

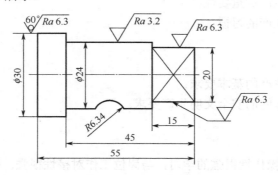

图 1-31 表面粗糙度的标注

New∠ 学习巩固

一、填空题

1. 根据 GB/T 3503—2009 的规定，评定表面粗糙度的参数主要有____和____，分别用_____和_____表示。

2. 用去除材料的方法获得的表面用符号_____表示，用不去除材料的方法获得的表面用符号_____表示。

3．表面粗糙度高度参数值的单位是_____。只注一个值时，表示_____；注两个值时，表示_____和_____。

4．用去除材料的方法获得的表面，Ra 的上限值为 3.2μm，下限值为 1.6μm（默认评定长度为 5 个取样长度、16%规则），用符号_____表示。

二、判断题

零件的表面粗糙度要求越小，越难加工。 （ ）

三、论述题

解释图 1-31 中各表面粗糙度代号的含义。

任务 1.7 安全文明生产

目标任务

1．理解安全文明生产的重要性；
2．养成安全文明生产的习惯。

工作过程

1．讲解安全文明生产的基本要求；
2．现场演示钳工车间的安全文明生产要求。

知识链接

（1）钳工实训属于操作性很强的学习，与岗位工作对接性很强。整个学习过程中每个学生必须自己动手实践，因此需要操作各种工具、机器设备。每个人必须树立安全、责任意识，对自己的安全负责，对同学的安全负责，对所用的工具、设备负责。实训中要严格执行预防为主、安全第一的实训教学原则。

（2）进入实训室实训必须穿戴好劳保服装、工作鞋、工作帽等，长发学生必须将头发塞进工作帽中，不准穿拖鞋、短裤或裙子进入钳工实训车间。

（3）操作时必须思想集中，不准与别人闲谈。

（4）钳工设备的布局要合理。钻床和砂轮机一般应安装在钳工场地靠墙壁边沿比较安全的地方；开动设备，应先检查防护装置、紧固螺钉以及电、油、气等动力开关是否完好，并空载试车检验，方可投入工作。操作时应严格遵守所用设备的安全操作规程。

（5）钻床、砂轮机、手电钻等钳工工具在使用中要经常检查，要保证其在正常的工作状态。操作台钻作业，严禁戴手套，工件应压紧，不得用手拿工件进行钻、铰、扩孔。禁止使用有裂纹、带毛刺、手柄松动等不符合安全要求的工具，并严格遵守常用工具安全操作规程。

（6）钳台要放在便于工作和光线适宜的地方；两对面使用的钳桌，中间要装安全防护网；相邻两工位的间距不要太小，以免相互影响操作。

（7）毛坯和工件、工具要摆放整齐、合理，放置平稳，便于取用，避免损坏。

（8）在钳台上工作时，尽量将左右手使用的工量具分放在左右手的两边，并各自排列整齐，使用时既安全又方便。

（9）量具要放在量具盒内，不能与工具或工件混放在一起，以免影响量具的精度。量具使用完毕后，要擦拭干净，并上油防锈，将其装入盒内。

（10）錾削时，钳桌上一定要装有防护网，以免錾屑飞出伤人；清除切屑要用刷子，不得用嘴吹或用手清除。

（11）清除铁屑，必须使用工具，禁止手拉嘴吹。

（12）工作完毕或因故离开工作岗位，必须将设备和工具的电、气、水、油源断开。工作完毕，必须清理工作场地，将工具和零件整齐地摆放在指定的位置上。

（13）注意文明生产实训，钳工工作完毕后，钳桌要及时整理，用刷子去除台虎钳上的铁屑，收齐工量具并放入抽屉内，打扫工作场地，保持工作环境整洁卫生。

学习巩固

1. 简述进入钳工车间前，应该做哪些准备工作。
2. 简述钳工安全文明生产中应注意的事项。

项目二 划 线

项目描述

划线是钳工基本操作的第一个项目。在钳工实习操作中，加工工件从划线开始。划线时应按照图纸的要求，在零件的表面准确地划出加工界线。正确划线是保障工件加工精度的前提。

学习目标

1. 了解划线的作用及种类；
2. 掌握划线工具的种类及各类工具的操作要领；
3. 了解划线基准的选择；
4. 熟练掌握划线的基本步骤，并达到线条清晰、粗细均匀。

教学建议

要求学生认真观察教师的示范操作，学会各种划线工具的使用及划线的基本方法，为今后实训打下坚实的基础。

任务 2.1　划线工具的使用方法

目标任务

1. 熟悉各类划线工具；
2. 正确使用各类划线工具。

工作过程

1. 介绍各类划线工具；
2. 讲解并演示各类划线工具的使用方法。

知识链接

根据图样或技术文件要求，在毛坯或半成品上用划线工具划出加工界线或找正检查的辅助线，这种操作就叫做划线。

在钳工加工中，划线是机械加工的主要依据和重要操作之一。因此要求所划线条清晰、尺寸准确，划线精度一般为 0.25～0.5mm。

一、划线的种类和要求

划线分为平面划线和立体划线两种。只需要在工件的一个平面上划线，就可以明确地表示出加工界线，称为平面划线，如图 2-1 所示。在工件的几个互成不同角度的平面上都划线，才能明确表示出加工界线，称为立体划线，如图 2-2 所示。

在钳工加工中，划线是相当重要的，它是钳工加工的基础划线。不仅能使工件有明确的尺寸界线，确定工件上各加工面的加工位置和加工余量，而且能及时发现和处理不合格的毛坯，避免加工后造成不必要的损失。

划线的基本要求是线条清晰、准确。划线的精度不高，一般可达 0.25～0.5mm，因此，不能依据

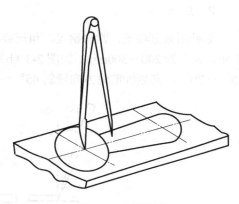

图 2-1　平面划线

划线的位置来确定加工后的尺寸精度，必须在加工过程中，通过测量来保证尺寸的加工精度。通常要求划线一次完成。

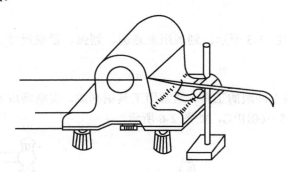

图 2-2　立体划线

二、划线工具的使用

1. 划线平台

划线平台用来安放工件和划线工具，如图 2-3（a）所示。它用铸铁制成，表面精度较高。使用时应注意：划线平台工作表面应经常保持清洁；工件和划线工具在平台上要轻拿轻放，不可损伤其工作面；用后要擦拭干净，并涂上机油防锈。

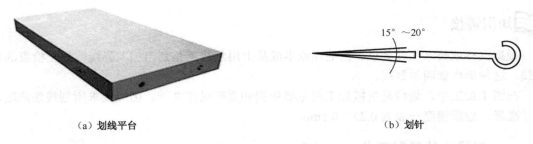

（a）划线平台 　　　　　　　　　　　（b）划针

图 2-3　划线平台与划针

2．划针

划针用来划线条，常与钢尺、角尺或样板等导向工具一起使用。其端部磨成 15°～20° 的夹角，长度为 200～300mm，如图 2-3（b）所示。划针的握法与铅笔相似，针尖上部向外侧倾斜 15°～20°，向划针前进方向倾斜 45°～75°，如图 2-4 所示。划线时用力要均匀、适宜。

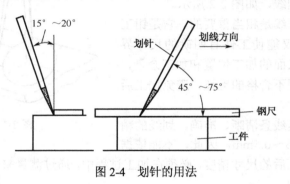

图 2-4　划针的用法

3．划规

钳工常用的划规如图 2-5 所示，划规用来划圆、划弧、量取尺寸、等分线段等。

4．样冲

样冲是在划好的线上冲眼的工具，通常用工具钢制成，尖端磨成 60° 左右的夹角，并经过热处理，硬度高达 55～60HRC，如图 2-6 所示。

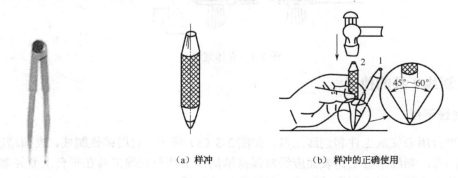

（a）样冲　　　　　　（b）样冲的正确使用

图 2-5　划规 　　　　　　图 2-6　样冲及其使用

冲眼时，将样冲斜着放置在划好的线上，锤击时再竖直，样冲眼应打在线宽的正中间，且间距要均匀，冲眼的深浅要适当。

5．90°角尺

90°角尺如图2-7所示。在划线时常用作划平行线或垂直线的导向工具，应用很广。

6．高度游标尺

高度游标尺如图2-8所示。它是精密量具之一，精度为0.02mm，读数方法与游标卡尺相同。高度游标尺既能测量工件的高度尺寸，又能做划线工具。它只适用于精密划线，使用时应使量爪垂直于工件一次划出。

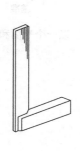

1—游标；2—尺身；3—底座；4—测头

图2-7　90°角尺　　　　　　　　　图2-8　高度游标尺

三、划线基准的选择

在零件上用少数的点、线、面能够确定其他点、线、面的相互位置，这些少数的点、线、面被称为划线基准。划线基准是用来确定其他点、线、面位置的依据，划线时都应从基准开始。

平面划线时，首先要选择好划线基准，一般只要选择两条相互垂直的线作为基准线，就能把平面上所有线的相互关系确定下来。

划线基准有以下三种类型。

（1）以两个互相垂直的平面（或线）为基准，如图2-9所示。

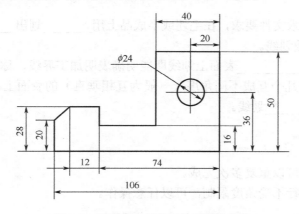

图2-9　以两个互相垂直的平面为基准

（2）以两条中心线为基准，如图2-10所示。

（3）以一个平面和一条中心线为基准，如图 2-11 所示。

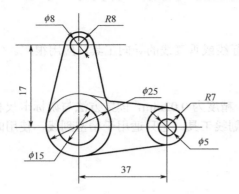

图 2-10　以两条中心线为基准

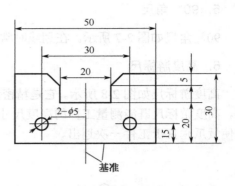

图 2-11　以一个平面和一条中心线为基准

四、划线过程

（1）看清图样。
（2）选定划线基准。
（3）初步检查毛坯的误差情况。
（4）正确安放工件和选用划线工具。
（5）涂色。
（6）划线。
（7）检查划线的准确性及是否有漏划的线。
（8）在所划线条上冲眼，做标记。

学习巩固

一、填空题

1．根据图样或技术文件要求，在毛坯或半成品上用_____划出_____或找正检查的辅助线，这种操作就叫做划线。

2．只需要在工件_____表面上划线即能明确表明加工界线，称为平面划线。

3．需要在工件的几个互成不同角度（一般为互相垂直）的表面上都划线，才能明确表明加工界线，称为_____划线。

二、判断题

1．划线时，线条可以重复多次完成。　　　　　　　　　　　　　　（　　）
2．划线时划针运行不受角度限制，可以任意操作。　　　　　　　　（　　）

三、论述题

1. 简述划线工具的使用方法。
2. 简述划线的基本步骤。
3. 简述划线的种类。

任务 2.2 划线技能训练

**目标任务**

1. 掌握钳工常用设备及常用量具的使用;
2. 正确使用各种基本划线工具;
3. 对工件正确划线;
4. 安全文明生产。

工作过程

1. 了解目标任务;
2. 分析实操图,确定加工工艺。

**知识链接**

一、实训内容

划线图如图 2-12 所示。

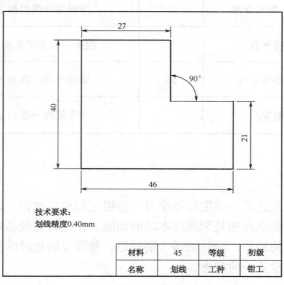

技术要求:
划线精度0.40mm

材料	45	等级	初级
名称	划线	工种	钳工

图 2-12 划线图

二、加工工艺

（1）在划线之前，应对工件表面进行清理，并涂上涂料。

（2）检查工件是否有足够的加工余量。

（3）分析图样，根据工艺要求，明确划线位置，确定基准，以图 2-12 中的底面为高度基准，左面为长度基准。

（4）确定待划图样位置，划出高度基准的位置线，再相继划出其他要素的高度位置线（即平行于基准的线）。

（5）划出长度基准的位置线，再划出其他要素的长度位置线。

（6）检查图样各方向划线基准选择的合理性，以及各部尺寸的正确性。线条要清晰，无遗漏、无错误。

（7）打样冲眼，显示各部尺寸及轮廓，工件划线结束。

三、考核

考核表见表 2-1。

表 2-1　考核表

序　号	检查内容	配　分	评分标准	得　分
1	涂色均匀准确	5	视具体误差扣分	
2	基准位置正确	20	位置超差扣 2 分	
3	线条清晰无重复	40	一根线条模糊扣 5 分	
4	冲眼准确、分布合理	10	冲眼每次偏斜扣 2 分	
5	线条连接平直	10	线条一次不平直扣 2 分	
6	工具使用姿势正确	15	姿势违章一次扣 5 分	
7	安全文明生产		违章操作一次扣 2 分	

 项目小结

在正式学习钳工技能之前，学生需要学习一些钳工的准备知识，为步入钳工实训场地进行必要的知识储备。首先进行的是划线基本功的训练。在进行划线训练时教师要加强示范，注重引导学生模仿教师的动作，同时加强个别辅导。最重要的是时时强调安全文明生产的重要性及培养学生树立质量第一的观念。

项目三 錾削

项目描述

用锤子打击錾子对金属工件进行切削加工的方法，叫錾削。

它的工作范围主要是去除毛坯上的凸缘和毛刺、分割材料、錾削平面及油槽等，经常用于不便于机械加工的场合。钳工常用的錾子有扁錾、尖錾、油槽錾。

通过錾削工种的训练，可以提高锤击的准确性，为装拆机械设备打下扎实的基础。

学习目标

1. 了解錾削的工具及使用方法；
2. 掌握錾削的操作要领；
3. 掌握錾削的方法。

教学建议

要求学生认真观察教师的示范操作，规范台虎钳前錾削加工的站立姿势及錾削动作要领，为今后实训打下坚实的基础。

任务 3.1　錾削的基础知识

目标任务

1. 认识錾削工具；
2. 掌握錾削姿势；
3. 掌握錾削方法。

工作过程

1. 讲解錾削工具的种类和使用方法；

2．讲解錾削的方法并演示。

知识链接

一、錾削工具

1．錾子

錾子是錾削工件的工具，用碳素工具钢成形后再进行刃磨和热处理而成，由头部、切削部分及錾身三部分组成。钳工常用錾子如图 3-1 所示。

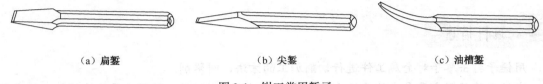

（a）扁錾　　　　　　　　　　（b）尖錾　　　　　　　　　（c）油槽錾

图 3-1　钳工常用錾子

2．手锤

手锤是钳工常用的敲击工具，由锤头、木柄和斜楔铁组成，如图 3-2 所示。锤头用碳素工具钢 T7 或 T8 制成并经热处理淬硬。手锤的规格以锤头的质量来表示，有 0.25kg、0.5kg 和 1kg 等。

二、錾削姿势

1．手锤的握法

（1）紧握法。

如图 3-3 所示，用右手五指紧握锤柄，木柄尾端露出 15～30mm，大拇指合在食指上，虎口对准锤头方向。在挥锤和锤击过程中，五指始终紧握锤柄。这种握法手比较紧张，容易疲劳。

（2）松握法。

如图 3-4 所示，只用大拇指和食指始终握紧锤柄。在挥锤过程中，小指、无名指、中指依次放松；而在锤击时，则以相反的顺序依次收拢握紧。这种握锤法手不易疲劳，锤击力量大，在錾削中常用。

图 3-2　手锤

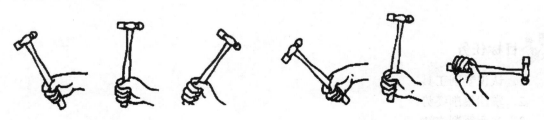

图 3-3　手锤紧握法　　　　　　　　　　　图 3-4　手锤松握法

2．錾子的握法

（1）正握法。

如图 3-5（a）所示，手心向下，腕部伸直，用左手的中指、无名指和小指握住錾子，食指和大拇指自然伸直松靠，錾子头部伸出约 20mm。正握法是錾削的主要握錾方法。

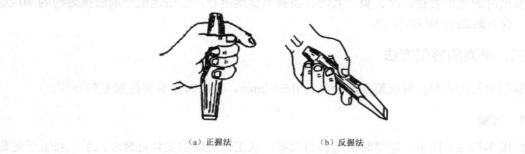

（a）正握法　　　　（b）反握法

图 3-5　錾子的握法

（2）反握法。

如图 3-5（b）所示，手心向上，手指自然捏住錾子，手掌悬空。这种握錾方法一般在不便于正握錾子时才采用。

3．站立姿势

如图 3-6 所示，站立时面向台虎钳，站在台虎钳中心线左侧，身体与虎钳中心线大致成 45°角，且略向前倾，迈出左脚，膝盖处自然弯曲，右脚要站稳伸直，不要过于用力。左脚与右脚的距离为 250～300mm。左脚与虎钳中心线约成 30°角，右脚与虎钳中心线约成 75°角。

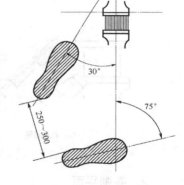

图 3-6　站立姿势

4．挥锤的方法

挥锤方法如图 3-7 所示，有腕挥、肘挥和臂挥三种。

（1）腕挥：依靠手腕的动作进行锤击运动，采用紧握法握锤。一般用于錾削余量较小的场合及錾削开始或结尾，如图 3-7（a）所示。

（2）肘挥：手腕与肘部一起挥动作锤击运动，采用松握法握锤。由于肘部的挥动幅度大，故锤击力也较大，如图 3-7（b）所示。

（a）腕挥　　　　　（b）肘挥　　　　　（c）臂挥

图 3-7　挥锤方法

（3）臂挥：手腕、肘部和全臂一起挥动，所以锤击力最大，需要强力錾削时使用，如图 3-7（c）所示。

5. 挥锤速度

錾削时的锤击要稳、准、狠，其动作要有节奏地进行，锤击速度一般肘挥时约为 40 次/分钟，腕挥时约为 50 次/分钟。

三、平面的錾削方法

錾削平面用扁錾。每次錾削的余量为 0.5～2mm，錾削时要掌握好起錾的方法。

1. 起錾

如图 3-8（a）所示，起錾时采用斜角起錾，从工件边缘的尖角处轻轻入手，将錾子尾部略向下倾斜，锤击力要小，先錾切出一个约 45° 的小斜面后，缓慢地将錾子移到小斜面中间，使切削刃的全宽参与切削。

当錾削到与尽头相距 10～15mm 时，应调头錾削，如图 3-8（b）所示；否则尽头的材料会崩裂，如图 3-8（c）所示。

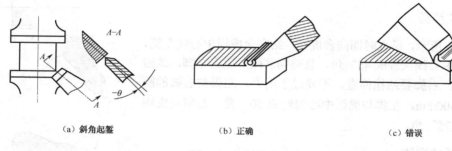

（a）斜角起錾　　　　　　　（b）正确　　　　　　　（c）错误

图 3-8　起錾的方法

2. 錾削平面

如图 3-9 所示，平面錾削时，一般使用扁錾。錾削较宽平面时，如图 3-9（a）所示，一般在平面上先用尖錾在工件上錾出若干条工艺直槽，再用扁錾将剩余的部分除去；当錾削较窄平面时，如图 3-9（b）所示，錾子的切削刃最好与錾削前进方向倾斜一个角度，这样在錾削过程中容易使錾子掌握平稳。

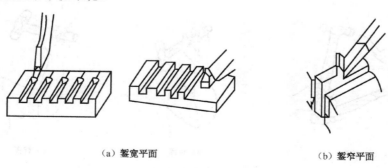

（a）錾宽平面　　　　　　　　　　　（b）錾窄平面

图 3-9　錾削平面

四、錾削安全操作规程

（1）錾子要经常刃磨锋利，以免錾削时打滑伤手。

（2）挥锤时要注意身后，防止伤人。

（3）在台虎钳上操作时，不可使切屑左右飞溅；在无防护板的工作台上操作时，切屑飞溅前方不得有人通过。

（4）錾削操作时须戴防护眼镜。

（5）锤柄安装应该牢固可靠，如有松动现象应立即停止使用。

（6）錾屑要用刷子清除，不得用手擦或者用嘴吹。

（7）掌握动作要领，錾削疲劳时要适当休息，注意安全。

 学习巩固

一、填空题

1. 用锤子打击錾子对金属工件进行切削加工的方法，叫_____。它的工作范围主要是去除毛坯上的凸缘和_____、_____、_____及油槽等。

2. _____是錾削工件的工具，用碳素工具钢成形后再进行刃磨和热处理而成，由_____、_____及_____三部分组成。

3. 手锤的握法有_____和_____，錾子的握法有_____和_____。

4. 挥锤的方法有_____、_____、臂挥。錾削时的锤击要稳、准、狠，其动作要有节奏地进行，一般肘挥时约_____，腕挥时约_____。

二、判断题

1. 在台虎钳上操作时，不可使切屑左右飞溅；在无防护板的工作台上操作时，切屑飞溅前方不得有人通过。 （　　）

2. 錾削操作时不需要戴防护眼镜。 （　　）

3. 錾屑不用刷子清除，用手擦或者用嘴吹。 （　　）

三、论述题

1. 简述錾削的站立姿势。

2. 简述錾削时如何把握切削角度。

任务 3.2 錾削技能训练

目标任务

1. 掌握錾削的基本操作要领；

2. 能达到一定的錾削精度；

3．了解在錾削中易产生的质量问题及防止方法。

4．安全文明生产。

工作过程

1．了解目标任务；

2．分析实操图，确定加工工艺。

知识链接

一、实训内容

錾削训练图如图 3-10 所示。

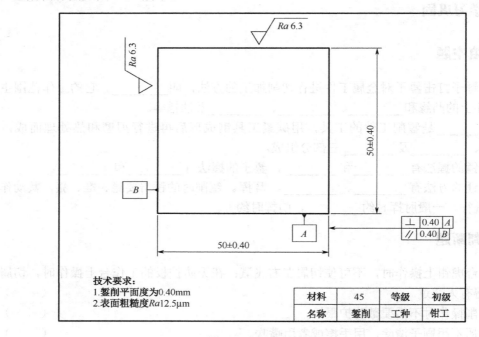

技术要求：
1.錾削平面度为0.40mm
2.表面粗糙度Ra12.5μm

材料	45	等级	初级
名称	錾削	工种	钳工

图 3-10　錾削训练图

二、备料

材料尺寸为 54mm×54mm×6mm。

三、实训步骤

（1）加工基准面 *A*、*B*，使这两面相互垂直。

（2）依据两基准面划出 50mm×50mm 的錾削加工线。

（3）将工件夹持在台虎钳上，工件伸出钳口 10～15mm。

（4）按照錾削加工要领，分别錾削加工两个錾削面，使其达到尺寸公差和形位公差的要求。

（5）全面检查，复核尺寸，棱边去毛刺。

四、注意事项

（1）制作工件前认真阅读图纸及评分标准。

（2）在台虎钳上錾削板料时，錾切线要与钳口平齐，且要夹持牢固。

（3）錾切时，錾子的后面部分要与钳口平面贴平，刃口略向上翘，以防止錾坏钳口表面。

五、考核

考核表见表 3-1。

表 3-1　考核表

序　号	检查内容	配　分	评分标准	得　分
1	工件夹持正确	6	失误一次扣 2 分	
2	身体站立姿势正确、自然	10	姿势错误扣 2 分	
3	握錾正确、自然	10	握錾错误扣 2 分	
4	锤击落点准确	8	落点错误一次扣 2 分	
5	握锤、挥锤动作正确	12	动作错误一次扣 2 分	
6	尺寸（50±0.40）mm（2 处）	20	超差一处扣 10 分	
7	平面度（2 面）	8	超差一处扣 4 分	
8	垂直度	8	超差一处扣 2 分	
9	平行度	8	超差一处扣 2 分	
10	錾削痕整齐（2 面）	10	超差一处扣 4 分	
11	安全文明生产		违章操作一次扣 2 分	

项目小结

錾削加工是钳工实训中比较危险的操作项目，在实训过程中，教师要特别强调安全文明生产的重要性，在挥锤时教师要做好示范。在学生操作实训时，教师一定要加强巡视和防范，将安全生产与正确掌握錾削要领放在同等重要的地位。

项目四 锯 削

项目描述

在钳工加工中，手锯切割是基本的加工方法。它具有加工方便、简单和灵活的特点。手工锯削是钳工需要掌握的基本操作之一。

学习目标

1. 了解锯条、锯弓的规格，并熟练掌握锯条的安装方法；
2. 掌握握锯姿势及锯削的站立姿势；
3. 学会把握起锯角度；
4. 熟练掌握常见工件的锯削方法，锯削质量能达到一定的精度要求。

教学建议

锯削是钳工重要的工种之一，要求学生认真观察教师的动作要领，勤学苦练，掌握锯削的正确姿势及各种材料的锯削方法。

任务 4.1 锯削的基本知识

目标任务

1. 了解手锯和锯条的结构、锯条的安装方法及选择原则；
2. 掌握锯削的站立姿势。

工作过程

1. 讲解手锯和锯条的结构和使用方法；
2. 讲解并演示锯削的站立姿势。

📖 知识链接

用手锯对材料进行切断或切槽的加工方法叫锯削。

一、手锯

手锯是钳工加工的锯削工具，由锯弓和锯条组成。锯弓是用来安装锯条的，它有固定式和可调式两种，如图 4-1 所示。

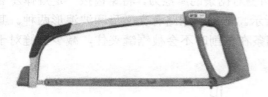 

（a）固定式　　　　　　　　　　　　　　　　（b）可调式

图 4-1　锯弓

固定式锯弓只能安装一种长度的锯条。可调式锯弓的弓架由两段组成，可通过旋转翼形螺母来安装几种长度的锯条，可调式锯弓的锯柄形状便于用力，所以被广泛使用。

二、锯条

手用锯条由锯齿、装夹孔、齿背组成。常用规格是 300mm 的单向锯条。锯条一般用碳素工具钢制成，经过热处理淬火。

1. 锯齿的切削角度

锯条的切削部分由许多均布的锯齿组成，每一个锯齿如同一把錾子。常用锯齿的切削角度为前角 $\gamma_0=0°$，后角 $\alpha_0=40°$，楔角 $\beta_0=50°$，如图 4-2 所示。

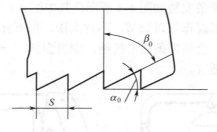

图 4-2　锯齿的切削角度

2. 锯条的粗细

锯齿的粗细以锯条每 25mm 长度内的齿数来表示。一般分为粗齿、中齿和细齿三种。锯条的粗细规格及应用见表 4-1。

表4-1　锯齿的粗细规格及应用

锯 齿	齿距（mm）	应 用
粗	14～18	锯削软钢、黄铜、铸铁、紫铜、铝
中	22～24	锯削中等硬度钢、厚壁的钢管、铜管
细	32	锯削薄片金属、薄壁管子、型钢、工具钢、合金钢

3．锯路

在制作锯条时，为了减少锯削操作中锯缝两侧对锯条的摩擦力，将锯齿按一定规律左右错开排成一定的形状，称为锯路，如图4-3所示。常见的锯路有交叉形和波浪形两种。其作用是使锯缝宽度大于锯齿背的厚度，使得锯条在锯削时不会被锯缝夹住，减少锯缝对于锯条的摩擦，延长锯条的使用寿命。

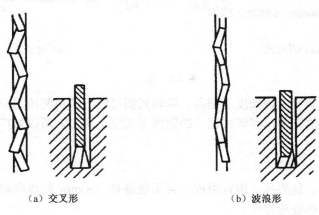

　　（a）交叉形　　　　　　　　　（b）波浪形

图4-3　锯路

4．锯条的安装

锯削操作时，切削运动为手锯的向前推进，因此安装锯条时必须使锯齿朝前，并使锯条和锯弓保持在同一平面上。锯条安装如图4-4所示，其中图4-4（a）为正确的安装方式。

锯条的松紧程度通过翼形螺母可以调节，不宜太松，也不宜太紧。太紧，会失去应有的弹性，锯条容易崩断；太松，会使锯条扭曲折断，锯缝歪斜。一般用手拨动锯条时，手感硬实并略带弹性，则锯条松紧适宜。

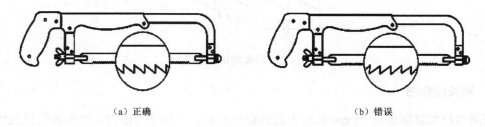

　　（a）正确　　　　　　　　　　　（b）错误

图4-4　锯条安装

三、锯削姿势

1. 握锯

锯削操作时，一般用右手满握锯柄，左手握在锯弓的前端，握柄手臂与锯弓成一直线。锯削时右手施力，左手压力不要太大，主要是协助右手扶正锯弓，身体稍微前倾，回程时手臂稍向上抬，在工件上滑回。如图4-5所示，左右手相互配合完成锯削动作。

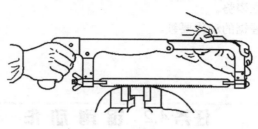

图4-5 握锯方法

2. 站立位置和姿势

锯削时，操作者的站立位置和姿势与錾削基本相同，如图4-6所示。

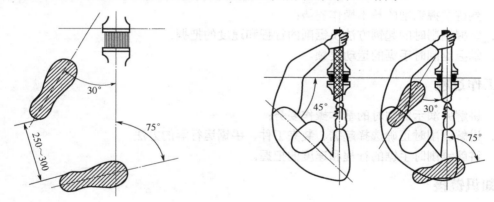

图4-6 锯削时的站立位置和姿势

学习巩固

一、填空题

1. 手锯是钳工加工中的锯削工具，由_____和_____组成。锯弓是用来安装_____的，它有_____和_____。

2. 锯齿的切削角度为前角 $\gamma_0 =$_____，后角 $\alpha_0 =$_____，楔角 $\beta_0 =$_____。

3. 锯齿的粗细是以锯条每 25mm 长度内的_____来表示的，一般分为_____、_____和_____三种。

4. 锯条的安装过程：齿尖_____，拧紧_____，拉紧锯条，松紧适度，两面平行。

二、判断题

1. 锯条安装时，锯齿的齿尖不用讲究方向，可以随意安装。 （　　）
2. 锯削加工时，可以随意站立在台虎钳的前方。 （　　）

三、论述题

1. 简述锯削时的站立姿势。
2. 简述锯削时双手握锯的动作要领。

任务 4.2　锯 削 动 作

目标任务

1. 熟练掌握锯削的基本操作姿势；
2. 掌握锯削时的起锯方法及锯削的行程和速度的把握。
3. 掌握锯削时手锯的运动要领。

工作过程

1. 讲解并演示锯削时的基本操作姿势；
2. 讲解锯削时正确选择起锯、装夹工件、手锯运行等的方法；
3. 讲解锯削时手锯的行程和速度的把握。

知识链接

一、工件的夹持

工件尽可能夹持在台虎钳的左侧，以方便操作；锯削线应与钳口垂直，以防止锯斜；锯削线离钳口约 20mm，以防止锯削时产生振动，形成噪声。

工件的夹持要牢固，同时对于薄壁工件、管子及已加工表面，要防止夹持太紧而使工件或表面变形。

二、锯削动作

（1）锯削前，左脚向前跨半步，左膝盖稍微弯曲，右腿站稳伸直不用力，整个身体保持自然状态。双手按正确的握锯姿势将手锯握正，并将其放在工件上，左臂略弯曲，右臂与锯削方向保持平行，如图 4-7（a）所示。

（2）向前推锯时，身体随手锯一起向前运动。这时，右腿自然伸直向前倾，身体也随之向前倾，重心移至左腿上，如图4-7（b）所示。

（3）随着锯削的持续进行，手锯继续向前推进，身体也随之向前倾斜，但角度不宜超过18°，如图4-7（c）所示。

（4）当手锯推至锯条长度的3/4时，如图4-7（d）所示，手锯停止向前运动准备回程，身体也停止向前运动而向后倾，身体重心随之后移，左腿略伸直，手锯顺势收回，身体恢复到锯削的起始姿势，完成一次锯削运动，然后不断重复，使锯削运动持续进行。

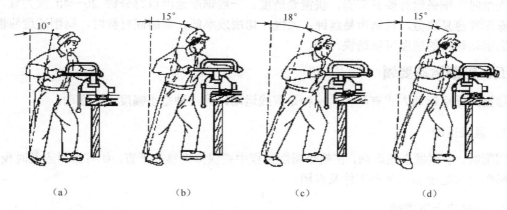

（a） （b） （c） （d）

图4-7 锯削动作

三、起锯方法

起锯是锯削的开始，起锯质量的好坏直接影响锯削的质量。起锯时，首先将左手拇指摁在所要锯削的位置上，使锯条侧面靠住拇指，如图4-8（a）所示。起锯角约为15°，不宜太大，也不宜太小。然后推动手锯前进。

起锯的方法有远起锯和近起锯两种。从工件远离操作者的一端起锯称为远起锯，如图4-8（b）所示，远起锯时起锯角容易掌握，操作方便，是常用的一种起锯方法。从工件靠近操作者的一端起锯称为近起锯，如图4-8（c）所示。

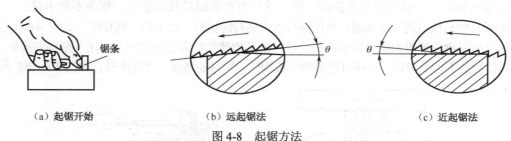

（a）起锯开始 （b）远起锯法 （c）近起锯法

图4-8 起锯方法

起锯的操作要点是"短"、"小"、"慢"。"短"指往返行程要短，"小"指起锯时压力要小，"慢"指速度要慢，这样可以使起锯平稳。当锯齿切入工件2～3mm后，左手离开工件，放在手锯的前端，扶正手锯进入正常的锯削状态。

四、锯削的行程和速度

1．锯削的行程

锯削时的往复行程应不小于锯条全长的三分之二，以避免锯条中间部分迅速磨钝，缩短锯条的使用寿命。

2．锯削的速度

锯削时，锯条运行要有节奏，快慢要适度。一般锯削速度以每分钟 20～40 次为宜。太快，操作者容易疲劳，且锯齿易磨钝；太慢，切削效率低。锯削硬材料时，锯削速度应慢一些；锯削软材料的速度可以稍快一些。

五、锯削运动要领

推锯时锯弓运动方式有两种：一种是直线运动，另一种是小幅度上下摆动。

1．直线运动

锯削时，手锯做直线运动，在整个锯削过程中要保持锯缝的平直，如有歪斜应及时校正。这种操作方式适于加工薄形工件及直槽。

2．小幅度上下摆动

锯削时，在右手向前推进，左右手对锯弓施加压力的同时，右手向下压，左手随之向上翘，使手锯做小幅度的上下摆动。当手锯返回时，右手上抬，左手自然跟随。运用这种运动方式，锯削时比较省力，可提高锯削效率，当需要锯削大尺寸材料或深缝锯削时使用较多。锯削到材料快断时，用力要轻，以防碰伤手臂或折断锯条。这种操作便于缓解操作者手部的疲劳。

六、常见材料的锯削方法

1．板料

锯削板料时，应从板料较宽的面下锯，这样可使锯缝较浅而整齐，锯条不致卡住。

如果只能从板料的窄面锯削，可用两块木块夹持薄板料，连木块一起锯削，如图 4-9（a）所示，这样可以避免崩齿和减少振动；另一种方法是把薄板料夹在台虎钳上，用手横向斜推锯，使薄板料接触的锯齿数增加，这样可避免锯齿被钩住，同时能增强工件的刚性，如图 4-9（b）所示。

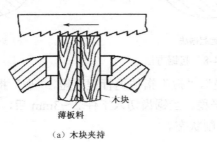

（a）木块夹持　　　　　　　　　　　（b）横向斜推锯

图 4-9　薄板料的锯削方法

当锯缝的深度超过锯弓高度时，称这种缝为深缝，如图 4-10（a）所示。在锯弓快要碰到工件时，应将锯条拆出并转过 90°重新安装，如图 4-10（b）所示；或把锯条转过 180°，使锯齿朝着锯弓背进行锯削，如图 4-10（c）所示，使锯弓背不与工件相碰。

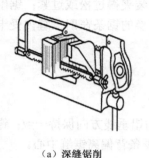　　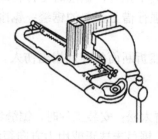　　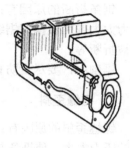

（a）深缝锯削　　　　　　　　　（b）锯条转90°　　　　　　　　　（c）锯条转180°

图 4-10　深缝的锯削方法

2. 棒料

锯削棒料时，如果要求锯出的断面比较平整，则应从一个方向起锯直到结束。若对断面的要求不高，为减小切削阻力和摩擦力，可以在锯入一定深度后将棒料转过一定角度重新起锯。如此反复几次，从不同方向锯削，最后锯断，如图 4-11 所示，其优点是起锯较省力。

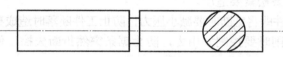

图 4-11　棒料的锯削方法

3. 管料

若锯薄管子，应使用两块木制 V 形或弧形槽垫块夹持，以防夹扁管子或夹坏表面，如图 4-12（a）所示。锯削时不能仅从一个方向锯起，否则管壁易钩住锯齿而使锯条折断。正确的锯法是每个方向只锯到管子的内壁处，然后向推锯方向把管子转过一定角度再起锯，且仍锯到内壁处，如此逐次进行，直至锯断，如图 4-12（b）所示。

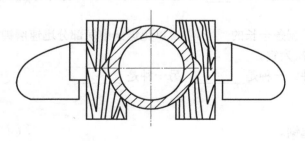

（a）管子的夹持　　　　　　　　　　　　　（b）管子的锯削方法

图 4-12　管料的锯削方法

七、锯削时应注意的问题

1.锯条折断

锯条折断的原因有：工件装夹不正确，锯削时工件松动；锯条装夹得过松或过紧；锯削用力太大或突然偏离锯缝方向；强行借正歪斜的锯缝；锯削时，新换的锯条在旧锯缝内受卡后被折断等。

锯削中，要尽量防止锯条突然折断而使碎片崩出伤人。

2.锯缝歪斜

锯缝歪斜的原因有：锯条装得太松；安装工件时，锯缝线未能与铅垂线方向保持一致；锯削的压力太大，使锯条左右偏摆；锯弓未扶正或用力方向歪斜，使锯条背偏离锯缝中心。

3.锯齿崩裂

锯齿崩裂的原因有：锯齿的粗细选择不当；起锯的方法不正确；锯削速度快，摆角又大。锯齿崩裂后，从工件锯缝中清除断齿后可继续锯削。

八、锯削时的安全知识

（1）锯条松紧要适度。

（2）工件即将锯断时要减小压力，防止工件断落时造成事故，并用左手扶住要掉落的工件。

（3）锯削时要控制好用力，防止锯条突然折断失控，使人受伤。

Now/ **学习巩固**

一、填空题

1.锯削时，工件尽可能夹持在虎钳的_____，以方便操作。

2.起锯的方法有两种：一种是_____，在远离操作者一端的工件上起锯；另一种是_____，在靠近操作者一端的工件上起锯。_____时起锯角容易掌握，操作方便，是常用的一种起锯方法。

3.锯削时的往复行程应不小于锯条全长的_____，以免锯条中间部分迅速磨钝。

4.锯削速度以每分钟_____次为宜。

5.推锯时锯弓运动方式有两种：一种是_____，另一种是_____。

二、判断题

1.锯削加工时，尽量使用近起锯。 （　　）

2.锯削加工时，锯条的往复行程越小越好。 （　　）

3.如果要求锯缝底部平直，也可以一直使用小幅度上下摆动式操作手锯。 （　　）

三、论述题

1.简述锯削的起锯方法及如何正确选择起锯方法。

2．简述锯削时手锯的运动方式。

3．简述锯削行程及手锯运行速度的范围。

任务 4.3 锯削技能训练

**目标任务**

1．操作姿势正确，能达到一定的锯削精度；

2．正确安装锯条；

3．了解锯条折断的原因和防止方法；

4．了解锯缝歪斜的原因；

5．安全文明生产。

**工作过程**

1．了解目标任务；

2．分析实训零件图，确定加工工艺。

知识链接

一、实训内容

原材料为 $\phi16$ mm×20 mm 的圆钢，每次锯下 $\phi16$ mm×3 mm 的薄片，如图 4-13 所示。

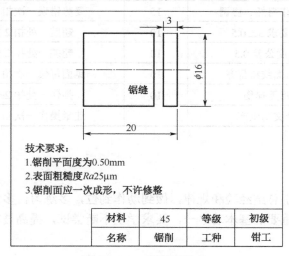

技术要求：
1.锯削平面度为0.50mm
2.表面粗糙度 $Ra25\mu m$
3.锯削面应一次成形，不许修整

材料	45	等级	初级
名称	锯削	工种	钳工

图 4-13 锯削训练

二、实训步骤

（1）检查来料尺寸，并划出加工线。

（2）将工件夹持在台虎钳上（露出钳口不宜太长或太短）。

（3）锯削。

三、注意事项

（1）站立姿势要正确，工件夹持要正确。

（2）锯削练习时，必须注意工件及锯条的安装是否正确，并要注意起锯方法和起锯角度是否正确，以免开始剧割就造成废品和锯条损坏。

（3）锯削的速度不宜过快，以免锯条折断伤人；压力不可过大，摆动姿势要自然，摆动幅度不要过大。

（4）要使锯缝平直，并及时借正。

（5）锯削快结束时，要减慢锯削速度，用力不可太大，并用左手扶住被锯下的部分，以免该部分落下时砸脚。

（6）安全操作，文明生产。

四、考核

考核表见表 4-2。

表 4-2 考核表

序 号	检 查 内 容	配 分	评 分 标 准	得 分
1	站立姿势正确	10	姿势错误一次扣 2 分	
2	工、量具摆放位置正确	10	摆放位置错误一次扣 2 分	
3	锯条安装、使用正确	15	每断一根锯条扣 2 分	
4	握锯姿势正确	10	姿势错误一次扣 2 分	
5	锯削动作自然、协调	15	姿势错误一次扣 2 分	
6	尺寸要求 3±0.5	10	超差一处扣 2 分	
7	平面度公差 0.5	10	超差一处扣 2 分	
8	锯削断面纹路整齐	10	锯面每修一次扣 2 分	
9	外形无损伤	10	损伤一处扣 2 分	
10	安全文明生产		违章操作一次扣 2 分	

 **项目小结**

1. 让学生在操作中总结经验和规律，做到动作到位，多练习，多思考。
2. 锯直是钳工最重要的基本功之一，要求学生不断尝试，提高技艺。

项目五 锉 削

项目描述

锉削是用锉刀对工件表面进行切削加工，使工件达到所要求的尺寸、形状和表面粗糙度的操作。锉削精度可达到 0.01mm，表面粗糙度可达 $Ra0.8\mu m$。锉削的应用范围很广，可以锉削平面、曲面、外表面、内孔、沟槽和各种复杂的表面。还可以配键、做样板、修整个别零件的几何形状等。

学习目标

1. 了解锉刀的结构、分类和规格；
2. 掌握锉削姿势和动作要领，会正确选用锉削工具；
3. 掌握平面锉削的方法，会锉削简单的平面立体；
4. 掌握锉削的安全注意事项。

教学建议

正确的锉削姿势是锉削加工的基础，要求学生认真观察教师的示范操作，通过反复练习，掌握锉削的动作要领，使锉削动作自然、协调，培养过硬的锉削基本功。

 任务 5.1 锉削工具及其选用

目标任务

1. 了解锉削的工具；
2. 学会正确使用和维护锉削工具。

**工作过程**

1. 介绍锉削工具；

2．讲解锉削工具的使用及维护。

📖知识链接

锉刀是用高碳工具钢 T12 或 T13 制成的，并将工作部分经过热处理淬火使其变硬，硬度值可达 HRC62～67。

一、锉刀的构造

锉刀由锉身和锉柄两部分组成，如图 5-1 所示。

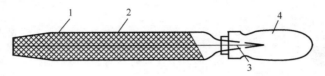

1—锉刀面；2—锉刀边；3—锉刀舌；4—锉刀柄

图 5-1　锉刀的结构

锉刀面 1 是锉削的主要工作面，上下两面都制有锉齿，担负切削工作。锉刀边 2 指锉刀的两侧面，有的其中一边有齿，另一边无齿（称为光边），这样在锉削内直角工件时，可保护另一相邻的面。锉刀柄 4 是木制的，在锉身的一端制有锉刀舌 3，装入锉刀柄 4 内。

二、锉刀的种类

钳工所用的锉刀按其用途不同，大致分为普通锉、特种锉和整形锉三类。

1．普通锉

普通锉按其断面形状不同，分为平锉、方锉、圆锉、半圆锉和三角锉五种，如图 5-2 所示。

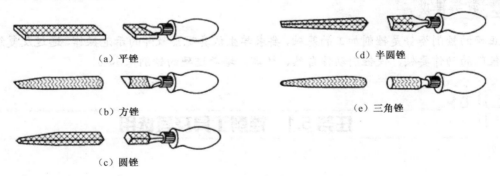

（a）平锉　　　　　　　　　　　　　　　　　（d）半圆锉

（b）方锉　　　　　　　　　　　　　　　　　（e）三角锉

（c）圆锉

图 5-2　普通锉

2．整形锉

整形锉也称什锦锉或组锉，可以用于修整工件上的细小部分，通常以 5 支、6 支、8 支、10 支或 12 支为一组，如图 5-3 所示。

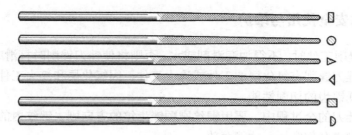

图 5-3　整形锉

3. 特种锉

特种锉用于加工零件的特殊表面，应用很少。

三、锉刀的选择

1. 锉刀断面形状应根据工件加工表面的形状进行选择

被锉削工件的形状制约着锉刀的形状，二者应该相互对应，如图 5-4 所示。当锉削外直角表面、内直角表面时，可以选用平锉或方锉，如图 5-4（a）、（b）所示；当需要锉削内角表面时，要选择三角锉，如图 5-4（c）所示；当需要锉削内、外圆弧面时，要选择半圆锉或圆锉（小直径的工件），如图 5-4（d）、（e）所示。

（a）平锉　　　　（b）方锉　　　　（c）三角锉　　　　（d）半圆锉　　　　（e）圆锉

图 5-4　加工不同表面

2. 锉刀齿粗细的选择

锉刀齿粗细要根据被加工工件的余量、加工精度、材料性质来选择。各类锉刀适合的加工范围见表 5-1。

表 5-1　各类锉刀适合的加工范围

锉纹每 10mm 轴向长度	适 合 范 围		
	工序余量（mm）	尺寸精度（mm）	表面粗糙度 Ra（μm）
5.5～14 条（粗齿）	0.5～1	0.2～0.5	100～25
8～20 条（中粗齿）	0.2～0.5	0.05～0.2	12.5～6.3
11～28 条（细齿）	0.05～0.2	0.01～0.05	12.5～3.2

四、锉刀的安全使用与维护

（1）用锉刀锉削工件时，不得加润滑剂或水，否则将使锉刀锉削时打滑或引起齿面生锈。

（2）不能用锉刀锉削有氧化层的工件或淬火工件，因氧化层和淬火工件的硬度较大，容易损伤锉齿，降低锉齿的切削性能。

（3）在使用锉刀的全过程中，要用铜丝刷顺锉齿纹的方向刷去锉纹内的铁屑；使用完毕后，一定要仔细刷去全部铁屑，才能存放。

（4）不能将锉刀当作其他工具使用，如敲、撬、压、扭、拉、顶等。

（5）锉刀存放时，不能产生碰撞，也不能重叠堆放。存放处要求干燥通风。

（6）锉刀运行到返回时，不允许施加力，以免加剧锉刀的磨损。

（7）新锉刀使用时，当一面用钝后，才可以用另一面，这样可延长锉刀的使用寿命。

学习巩固

一、填空题

1．锉刀由＿＿＿＿和＿＿＿＿两部分组成。＿＿＿＿是工作部分，锉刀面的上下两面都制有锉齿，担负切削工作，是锉刀的主要工作面。

2．锉刀的种类较多，大致分为＿＿＿＿＿＿＿、＿＿＿＿＿＿和＿＿＿＿＿＿三类。普通锉按其断面形状不同，分为＿＿＿＿＿、＿＿＿＿＿、＿＿＿＿＿、三角锉和圆锉五种。

3．当锉削外直角表面时，可以选用＿＿＿＿或＿＿＿＿＿＿等；锉削内直角表面时，也可以选用扁锉或方锉等。当需要锉削内角表面时，要选择＿＿＿＿＿＿；当需要锉削内、外圆弧面时，要选择＿＿＿＿＿＿或＿＿＿＿＿＿。

二、判断题

1．可以将锉刀当作其他工具使用，如敲、撬、压、扭、拉、顶等。　　　（　　　）

2．锉刀运行到返回时，不允许施加力，以免加剧锉刀的磨损。　　　　（　　　）

3．锉削工件的形状制约着锉刀的形状，二者应该相互对应。　　　　　（　　　）

三、论述题

1．简述选择锉刀的方法。
2．简述锉刀的安全使用和维护方式。

任务 5.2　锉削加工的姿势与要领

目标任务

1. 掌握锉削加工的姿势；
2. 正确使用锉削工具。

工作过程

1. 讲解锉削姿势及工具的使用；
2. 讲解加工工件的要领。

知识链接

一、锉削姿势

正确的锉削姿势能够减轻疲劳，提高锉削质量和效率。

锉削姿势与锉刀的大小有关。站立时面向台虎钳，站在台虎钳中心线左侧，站立要自然，左手、锉刀、右手形成的水平直线称为锉削轴线。右脚掌心在锉削轴线上，右脚掌长度方向与轴线成75°角；左脚略在台虎钳前左下方，与轴线成30°角；左脚与右脚的距离为250～300mm；身体平面与轴线成45°角。如图5-5所示。

如图5-6所示，锉削时左腿弯曲，右腿伸直，身体重心落在左脚上，两脚始终站稳不动，靠左腿的伸屈做往复运动。手臂和身体的运动要互相配合，并要充分利用锉刀的全长。

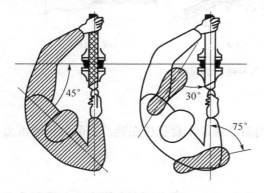

图 5-5　锉削时的站立位置

图 5-6　锉削时身体的姿势

二、锉刀的握法

锉刀的握法根据锉刀的大小及工件而定。

1．较大锉刀

较大锉刀的握法如图 5-7 所示。将锉刀柄的顶端顶在拇指根部的手掌上，如图 5-7（a）所示。右手拇指放在锉刀柄上面并自然伸直，其余手指由上而下握住手柄；左手拇指根部轻压在锉刀前端，其余四指自然向下弯曲，中指、无名指捏住锉刀头。左右手配合使锉刀平直运行，完成锉削动作，如图 5-7（b）所示。

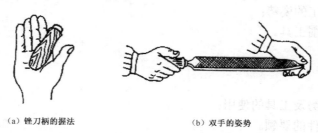

（a）锉刀柄的握法　　　　　　　　　　（b）双手的姿势

图 5-7　较大锉刀的握法

2．中型锉刀

中型锉刀的握法如图 5-8（a）所示。右手握法与上述相同，用左手的拇指和食指轻轻持扶锉梢。

3．小型锉刀

小型锉刀的握法如图 5-8（b）所示。右手握法也与上述相同，左手手指压在锉刀的中部以防止锉刀弯曲。

（a）中型锉刀　　　　　　（b）小型锉刀　　　　　　（c）整形锉

图 5-8　各种锉刀的握法

4．整形锉

整形锉的握法如图 5-8（c）所示，只用右手握锉，食指放在锉刀上面，稍加压力。

三、锉削动作

锉削开始时，身体稍向前倾斜，角度大约为 10°，重心落在左脚上，右臂弯曲在后，准备将锉刀向前推进，如图 5-9（a）所示。

将锉刀向前推进到的锉刀行程的 1/3 时，身体随之向前倾斜，倾斜角大约为 15°，左膝弯曲度稍增，如图 5-9（b）所示；当锉刀再推进 1/3 行程时，身体向前倾斜的角度增加到 18°

左右，左膝弯曲度稍增，如图 5-10（c）所示。

继续向前推进锉刀至最后 1/3 行程时，身体停止向前运行，并退回到 15° 左右，两臂继续将锉刀向前推到尽头，如图 5-9（d）所示。

锉削行程结束时，将身体的重心后移，左腿逐渐伸直，让锉刀稍微抬起，不施加力，顺势退回锉刀到初始位置。

（a）开始锉削　　　　　（b）锉刀推出1/3行程　　　　　（c）锉刀推出2/3行程　　　　　（d）锉刀行程推尽时

图 5-9　锉削时的姿势

四、锉削速度

锉削速度一般为 40 次/分钟左右，精锉适当放慢，回程时稍快，动作要自然协调。锉削时，通过左右手的调节，应始终使锉刀保持水平位置。

Now📖**学习巩固**

一、填空题

1. 锉削时的站立位置和姿势与錾削类似，左脚与虎钳中心线约成_____角，右脚与虎钳中心线约成_____角，身体与台虎钳中心线成_____角。

2. 锉削时左腿弯曲，右腿伸直，身体重心落在_____上，两脚始终站稳不动，靠_____的伸屈做往复运动。_____和_____的运动要互相配合，并要充分利用锉刀的全长。

3. 锉削时，通过左右手的调节，应始终使锉刀保持_____位置。

二、判断题

1. 锉削速度控制在每分钟 40 次左右。　　　　　　　　　　　　　　　　（　　）

2. 锉削时，使用锉刀全长的三分之二。　　　　　　　　　　　　　　　　（　　）

三、论述题

1. 简述锉削姿势要领。

2. 简述各类锉刀的握法。

任务 5.3 平面的锉削

目标任务

1. 掌握平面加工时工件的装夹；
2. 掌握平面锉削的方法；
3. 掌握平面锉削的要领。

工作过程

1. 工件装夹；
2. 平面加工。

知识链接

一、工件的装夹

工件的装夹是否正确，直接影响到锉削质量的高低。

（1）工件尽量夹持在台虎钳钳口宽度方向的中间。锉削面靠近钳口，以防锉削时产生振动。

（2）装夹要稳固，但用力不可太大，以防工件变形。

（3）装夹已加工表面和精密工件时，应在台虎钳钳口衬上紫铜皮或铝皮等软的衬垫，以防夹坏工件。

二、平面的锉法

锉削平面常用顺向锉法、交叉锉法和推锉法三种方法。

1. 顺向锉法

顺向锉法如图 5-10（a）所示，一般用于精锉。顺向锉法是顺着同一方向对工件进行锉削的方法。它是锉削的基本方法，其特点是锉纹清晰、美观，表面粗糙度值较小，适用于小平面和粗锉后的场合。

2. 交叉锉法

交叉锉法如图 5-10（b），一般用于粗锉。它是从两个不同的方向交叉锉削的方法，锉刀运动方向与工件夹持方向成 30°～40°角。交叉锉时锉刀与工件接触面较大，锉刀容易掌握平稳，且能从交叉的刀痕上判断出锉削面的凹凸情况。

锉削时，不论是选用顺向锉法还是选用交叉锉法，为了保证加工平面的平面度，应尽可能做到锉刀在不同处重复锉削的次数、用力及锉刀的行程保持相同，并且每次的横向移动量均匀、大小适当。

3. 推锉法

推锉法如图 5-10（c）所示，横握锉身，左、右手分别握在锉身的两端，锉削时，用双手推进、拉回锉刀。推锉操作的切削量小，锉刀容易掌握平稳，可获得较平整的加工表面。推锉主要用于狭窄平面的加工。

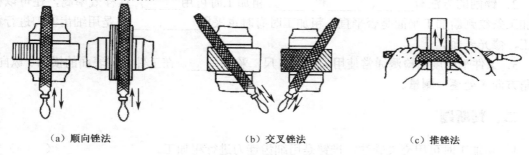

（a）顺向锉法　　　　　（b）交叉锉法　　　　　（c）推锉法

图 5-10　锉削平面的方法

三、平面度的检验方法

在锉削平面时，要经常检查工件的锉削表面是否平整，工件平面度的检测通常使用钢直尺、刀口形直尺等，采用透光法。使用刀口形直尺时，首先将其垂直放在被测工件表面上，如图 5-11（a）所示。在工件被测表面的横向、纵向、对角方向多处逐一测量，如图 5-11（b）所示。观察刀口形直尺与工件平面间的透光程度，若透光微弱而均匀，说明该平面平直；如果透光强弱不一，则说明该零件平面凹凸不平。可在刀口形直尺与零件紧靠处插入塞尺，如图 5-12 所示。根据塞尺的厚度即可确定平面度的误差。

检查过程中，在不同的检查位置应当将刀口尺提起后再放下，以免刀口磨损，影响检查精度。

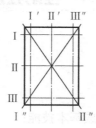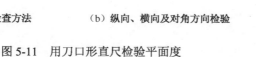

（a）检查方法　　　（b）纵向、横向及对角方向检验

图 5-11　用刀口形直尺检验平面度　　　　　图 5-12　用塞尺测量平面度

学习巩固

一、填空题

1．一般工件夹持在台虎钳的_____，不能夹得_____，这样锉削时工件会松动，但是也不能夹得过紧，这样会使工件产生_____。

2．锉削的方法有_____、_____和_____，粗加工时可用_____，这样效率高，还可以根据加工条纹判断加工平面是否平直，粗加工时有时也采用_____；_____是用细齿锉刀进行精加工，修光表面。

3．工件平面度的检测通常使用刀口形直尺，采用_____。在工件被测表面的横向、纵向、对角方向多处逐一测量。

二、判断题

1．精加工时可用交叉锉法，推锉是用细齿锉刀进行粗加工。　　　　　　　（　　）

2．观察刀口形直尺与工件平面间的透光程度，若透光微弱而均匀，说明该平面平直；如果透光强弱不一，则说明该平面凹凸不平，有待于进一步锉削。　　　　　（　　）

三、论述题

1．简述锉削的目的。

2．简述锉削的方法。

3．简述平面度的检验方法。

任务 5.4　锉削技能训练

目标任务

1．掌握正确的锉削姿势；

2．掌握平面锉削的方法、要领，形成基本技能；

3．掌握平面度的检测方法。

工作过程

1．了解目标任务；

2．分析实操图，确定加工工艺。

知识链接

一、实训内容

锉削训练图如图 5-13 所示。

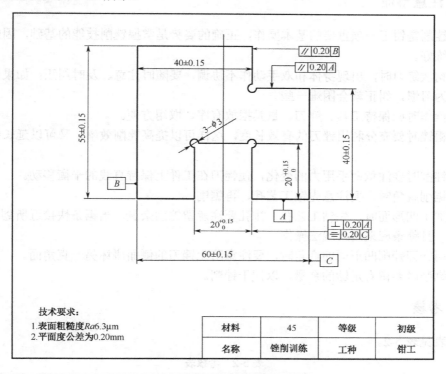

技术要求:
1. 表面粗糙度 Ra6.3μm
2. 平面度公差为 0.20mm

材料	45	等级	初级
名称	锉削训练	工种	钳工

图 5-13 锉削训练图

二、实训步骤

1. 加工直角

（1）检查来料尺寸。

（2）锉削 A 和 B 两垂直面，以此作为基准。

（3）以 A、B 两垂直面为基准，划出加工线 60±0.15mm 和 55±0.15mm。

（4）锯削，根据图示要求留合适的锉削余量。

（5）锉削，使之达到尺寸精度和形位公差要求。

（6）以 A、B 面为基准，划出 40±0.15mm 的加工线，钻工艺孔 φ3mm。

（7）锯削直角，特别注意留一定的余量，用于锉削。

（8）锉削直角，达到尺寸精度和形位公差要求。

2. 加工凹槽

（1）以基准面 B 划出加工线。

（2）以基准面 A 划出加工线。

（3）钻出两个 $\phi 3\,mm$ 的工艺孔。

（4）锯削凹槽，注意留余量。

（5）锉凹槽的三个平面，使之达到尺寸精度和形位公差要求。

（6）全面精度复检。

三、注意事项

（1）锉削是钳工一项重要的基本操作，正确的姿势是掌握锉削技能的基础，因此要求学生一定要练好。

（2）初次练习时，出现身体和双手动作不协调，要随时注意、及时纠正；如果让不正确的姿势成为习惯，纠正就会困难一些。

（3）操作时应保持工具、锉刀、量具摆放有序、取用方便。

（4）粗锉时要充分利用锉刀的有效长度，这样可以提高锉削效率，又可以延长锉刀的使用寿命。

（5）锉削时要注意两手用力的变化，使锉刀在工件上保持直线的平衡移动。

（6）锯削直角时，要注意先钻工艺孔，再锯削。

（7）加工凹形面时，先钻工艺孔，排孔要注意留锉削余量，当锯条快接近所划线条时，速度要慢，且锯条应采用直线法操作。

（8）用锉刀锉削凹形面的直角时，要注意防止锉刀的侧面碰坏另一直角面。

（9）锯削时要留有足够的余量，以便于锉削。

四、考核

考核表见表 5-2。

表 5-2　考核表

序　号	检 查 内 容	配　分	评 分 标 准	得　分
1	站立姿势、握锉姿势正确	10	姿势错误扣 2 分	
2	锉削动作自然、协调	10	动作错误扣 2 分	
3	工量具安放、使用位置正确	5	错误扣 2 分	
4	平面度为 0.20mm	6	超差一面扣 2 分	
5	尺寸 60 ± 0.15mm	8	超差扣 4 分	
6	尺寸 55 ± 0.15mm	8	超差扣 4 分	
7	尺寸 40 ± 0.15mm（两处）	10	超差扣 4 分	
8	工艺孔 3-$\phi3$mm	6	位置偏差扣 6 分	
9	直角的平行度（两处）	10	超差一面扣 5 分	
10	$20_{0}^{+0.15}$mm（两处）	10	超差扣 4 分	
11	凹槽垂直度	5	超差一处扣 2 分	
12	凹槽对称度	6	超差一处扣 2 分	
13	表面粗糙度 $Ra6.3\mu m$	6	超差一面扣 1 分	
14	安全文明生产		违章操作扣 2 分	

项目小结

1. 锉削加工是钳工实训的重要操作之一，要求学生在初次操作时注重模仿，加强基本功训练，不断总结经验和规律，做到动作到位，多练习，多思考。

2. 锉平是钳工最重要的基本功之一，要求学生不断尝试，提高技艺。

3. 每次项目完成后要求学生必须及时总结，不断提升技能。

项目六　钻孔与铰孔

项目描述

在机械零件中，孔是很常见的一种结构。按照孔加工的操作方法、孔的形状及精度要求，孔加工通常分为钻孔、扩孔、锪孔和铰孔。用钻头在实体材料上加工孔叫钻孔。钻孔是钳工最基本的操作之一，是钳工必须熟练掌握的一项基本操作技能。铰孔是用铰刀从工件上切除微金属层，以获得较高的尺寸精度和较小的表面粗糙度。本项目重点介绍钻孔和铰孔。

学习目标

1. 了解钻床、钻头、铰刀的结构；
2. 掌握钻床的正确操作方法；
3. 了解麻花钻的构造并能正确刃磨麻花钻；
4. 熟练掌握钻头的装卸方法及钻孔的方法；
5. 掌握铰孔的方法。

教学建议

要求学生认真观察教师的操作要领，通过反复练习，掌握钻床的正确操作方法、钻头的装卸方法、钻头刃磨的方法、钻削工件的方法、铰刀的结构及铰孔的方法。

任务 6.1　认识钻床和钻头

目标任务

1. 了解钻床的种类；
2. 掌握麻花钻的组成。

工作过程

1. 讲解钻床的种类和特点；
2. 讲解麻花钻的组成；
3. 讲解麻花钻切削部分的组成。

知识链接

一、钻床的种类

1. 台钻

台式钻床简称台钻，如图 6-1 所示。台钻是安装在钳工作业台上、主轴竖直布置的一种小型钻床，一般用来加工小型工件上直径小于或等于 12mm 的孔。钻削时只能手动进给，台钻结构简单，用于单件、小批量生产。

2. 立钻

立式钻床简称立钻，其主轴箱和工作台安置在立柱上，且主轴垂直布置。如图 6-2 所示为常用的 Z525 立钻。立钻一般用来钻中小型工件上的孔，其最大钻孔直径有 25mm、35mm、40mm、50mm 等几种。立式钻床适用于加工单件、小批量生产中的中小型工件。

图 6-1　台式钻床　　　　图 6-2　立式钻床

3．摇臂钻床

摇臂钻床如图6-3所示，适用于加工大型工件及多孔工件的钻孔、铰孔、锪平面和攻丝等。

二、钻头

1．钻孔的运动分析

钻孔时，要将工件牢固可靠地固定，钻头安装在钻床主轴上。钻头有两方面的运动：钻头的旋转运动，称为主运动；同时钻头沿轴线方向移动，称为进给运动，如图6-4所示。钻孔的精度为IT11～IT12，表面粗糙度值 $Ra \geqslant 12.5\mu m$，属于粗加工。

图6-3　摇臂钻床　　　　　　　　　　　　　图6-4　钻孔的运动分析

2．麻花钻的组成

麻花钻是通过其相对固定轴线的旋转，钻削圆孔工件的工具，因其容屑槽呈螺旋状，形似麻花而得名。

麻花钻是钻孔的常用工具，一般用高速钢或硬质合金钢制成，由柄部、颈部及工作部分组成，如图6-5所示。

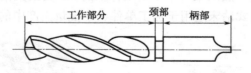

图6-5　标准麻花钻的组成

（1）柄部。

柄部是钻头的夹持部分，传递扭矩和轴向力，使钻头的轴心线保持正确的位置。

钻头的柄部有直柄和锥柄两种，直柄传递的扭矩较小，用于直径在13mm以下的钻头，如图6-6（a）所示；当直径大于13mm时，一般都采用锥柄，如图6-6（b）所示。

（a）直柄　　　　　　　　　　（b）锥柄

图 6-6　麻花钻的柄部

（2）颈部。

颈部是工作部分和柄部之间的连接部分，一般钻头的规格、材料和标号都刻在颈部。

（3）工作部分。

工作部分是钻头的主要部分，包括切削部分和导向部分。切削部分担负主要的切削工作，导向部分在钻削时起引导钻削方向和修光孔壁的作用。

3．麻花钻的切削部分

麻花钻的切削部分如图 6-7 所示，麻花钻的切削部分由两个前刀面、两个后刀面、两个副后刀面、两条主切削刃、两条副切削刃和一条横刃构成。

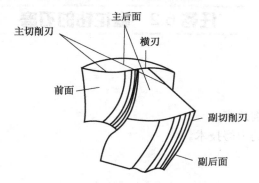

图 6-7　麻花钻的切削部分

（1）前刀面：带有螺旋槽的表面，切屑沿此面流走。

（2）主后刀面：切削部分顶端的两曲面，它与工件的加工表面相对。

（3）副后刀面：为钻头两侧的刃带，与已加工表面相对。

（4）主切削刃：为前刀面与主后刀面的交线。

（5）副切削刃：为前刀面与副后刀面的交线，即棱刃。

（6）横刃：为两个主后刀面的交线。

New 学习巩固

一、填空题

1．台钻是安装在钳工作业台上、主轴竖直布置的一种小型钻床，一般用来加工小型工件上直径小于或等于_____mm 的孔。

2．立式钻床简称_____，其主轴箱和工作台安置在_____上，且主轴_____布置。

3．用钻头在实体材料上加工出孔称为_____。

4．钻头有两方面的运动：钻头的旋转运动，称为_____；同时钻头沿轴线方向移动，称为_____。

5. 麻花钻是钻孔的常用工具，一般由_____、_____及_____组成。

二、判断题

1. 钻头的工作部分也能起到修光工件的作用。　　　　　　（　　）
2. 钻削加工属于精加工。　　　　　　　　　　　　　　　（　　）
3. 台钻可以用来加工任何直径的工件。　　　　　　　　　（　　）

三、论述题

1. 简述麻花钻的组成。
2. 简述麻花钻工作部分的作用。

任务 6.2　麻花钻的刃磨

目标任务

1. 了解麻花钻的切削角度；
2. 掌握标准麻花钻的刃磨技术。

工作过程

1. 讲解麻花钻的切削角度；
2. 讲解并演示标准麻花钻的刃磨技术。

知识链接

一、麻花钻的切削角度

麻花钻的切削角度，依赖于一些辅助平面而存在，首先要找出表示角度的辅助平面的位置。

辅助平面是麻花钻主切削刃上任意一点 A 的基面、切削平面和主截面形成的一组空间平面，三者互相垂直，如图6-8所示。

（1）切削平面：在切削刃上任选一点，过这点所作切削刃的切线和该点的切削速度方向所构成的平面，即为切削平面。

（2）基面：在切削刃上任选一点，与该点的切削速度方向垂直的平面即为基面。

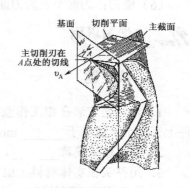

图 6-8　麻花钻的辅助平面

（3）主截面：在切削刃上任选一点，与切削平面和基面均垂直的平面即为主截面。

二、标准麻花钻的切削角度

如图 6-9 所示为标准麻花钻的切削角度。

1. 前角 γ_0

在主截面内，前刀面与基面的夹角称为前角。由于前刀面为螺旋面，所以钻头主切削刃上各点的前角是不相等的。前角愈大，切削刃愈锋利，切削也愈省力。

2. 后角 α_0

在圆柱剖面内，后刀面与切削平面之间的夹角称为后角。后角愈小，钻头后刀面与工件的摩擦愈严重。

3. 顶角 2ϕ

在中剖面内，两主切削刃投影所夹的角称为顶角。标准麻花钻的顶角为 $2\phi=118°\pm2°$。顶角越大，钻削时的轴向力也越大，顶角应根据加工条件在钻头刃磨时磨出。

4. 横刃斜角 ψ

横刃斜角是横刃与主切削刃在钻头端面内投影之间的夹角。它是在刃磨钻头时自然形成的。标准麻花钻的横刃斜角为 $50°\sim55°$。

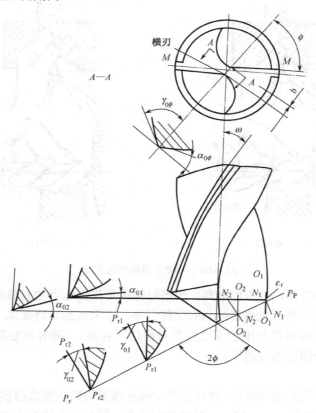

图 6-9　标准麻花钻的切削角度

三、标准麻花钻的刃磨

麻花钻刃磨是将切削部分刃磨出正确的几何形状，使其锋利。

1．标准麻花钻的刃磨要求

标准麻花钻的刃磨，应该达到以下要求。

（1）角度：顶角为 118°±2°，后角为 10°～14°，横刃斜角在 55°左右。

（2）刀刃：两个主切削刃长度相等，且相对于钻心对称；后刀面要光滑。

2．刃磨方法

（1）钻头的把持。

刃磨时，右手握住钻头的头部作为定位支点，使钻头绕自身轴线旋转，并对砂轮施加一定的压力，做上下摆动，左手握住钻头柄部。

（2）刃磨主切削刃。

如图 6-10 所示，刃磨时，操作者站在砂轮机的侧面，与砂轮机回转平面成 45°角，为保证顶角为 118°±2°，将钻头的主切削刃略高于砂轮水平中心面处先接触砂轮，右手缓慢地使钻头绕自身轴线由下向上转动，同时施加适当的刃磨压力，这样可以磨到整个后刀面，左手配合右手做缓慢的同步下压运动，刃磨压力逐渐增大，便于磨出后角。

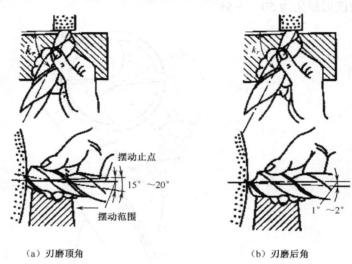

（a）刃磨顶角 　　　　　　　　　　　　　（b）刃磨后角

图 6-10　刃磨主切削刃的方法

为保证钻头中心处磨出较大的后角，刃磨时钻头还应做适当的右移运动，两手的配合要自然协调，按此方法不断反复地将两后面交替刃磨，直至达到刃磨要求。

在刃磨时，要随时检验角度的正确性和对称性（目测），同时还要随时用水冷却钻头，以防止钻头切削部分因过热而退火。

（3）修磨横刃。

为进一步改善钻头的切削性能，对直径在 45mm 以下的钻头须修磨横刃，其方法如图 6-11 所示。这样可使横刃磨削时阻力减小，减轻挤刮现象，提高钻头的定心作用和切削的稳定性。

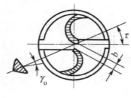
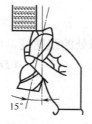
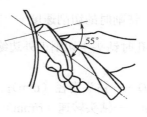

图 6-11　修磨横刃

New 学习巩固

一、填空题

1. 麻花钻的切削部分由两个_____、两个_____、两个_____、两条_____、两条_____和一条_____构成。

2. 麻花钻的顶角=_____。

二、论述题

简述麻花钻的刃磨方法。

任务 6.3　钻　　孔

目标任务

1. 了解钻削用量；
2. 熟练掌握钻头的装卸方法；
3. 掌握划线钻孔的方法。

工作过程

1. 讲解钻削用量的三要素；
2. 讲解钻孔时钻头的装卸方法；
3. 讲解钻孔时工件的划线及起钻方法。

知识链接

一、钻削用量

钻削用量包括切削速度、进给量和切削深度三要素。

1．钻削时的切削速度 v

钻孔时钻头主切削刃外边缘处的线速度，可由下式计算：

$$v = \pi Dn/1000$$

式中，D——钻头直径（mm）；

n——钻头转速（r/min）；

v——切削速度（mm/min）；

2．钻削时的进给量 f

进给量指主轴每转一转，钻头沿其轴线方向移动的距离，单位为 mm/r。

3．切削深度 a_p

切削深度指已加工表面与待加工表面之间的垂直距离，即一次走刀所能切下的金属层的厚度。对钻削而言，$a_p=D/2$。

二、钻孔操作

1．钻孔前工件划线

钳工钻孔前，首先按孔的位置、尺寸要求，用划针划出孔位的十字中心线，并在中心用样冲打眼，要求位置准确。冲眼用于钻头定心，应大而深，使钻头的横刃预先落入样冲眼的锥坑中，这样钻孔时钻头不易偏离孔的中心。同时以冲眼为中心画出几个大小不等的检查圆，如图 6-12 所示。

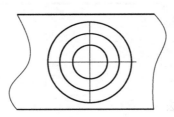

图 6-12　孔位检查圆

2．钻头的装卸方法

钻头在装卸时，因其柄部形状不同，装卸的方法也不同。

（1）直柄钻头的装卸。

直柄钻头因其直径较小，切削时扭矩也较小，可以直接用钻夹头夹持，其夹持的长度不小于 15mm；转动钻钥匙，使三个卡爪同时伸出或缩进，将钻头夹紧或松开，如图 6-13（a）所示。

（2）锥柄钻头的装卸。

锥柄钻头可以直接装夹在钻床主轴孔内，或者通过钻头套将钻头和钻床主轴锥孔配合，这种方法配合牢靠，同轴度高，锥柄末端的扁尾用来增加传递的力量，以避免刀柄打滑，并便于卸下钻头，如图 6-13（b）所示。

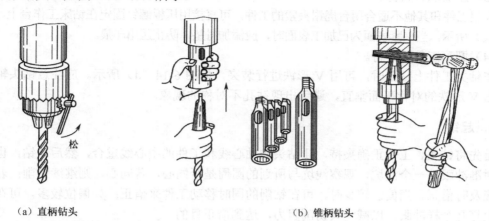

（a）直柄钻头 （b）锥柄钻头

图 6-13 钻头的装卸

3. 工件的装夹

钻孔时，为保证钻孔的质量和安全，根据工件形状及钻孔直径的大小，采用不同的装夹方法。常用的基本装夹方法如图 6-14 所示。

（1）手虎钳夹持。

在薄板或小型工件上钻小孔，可将工件放在定位块上，用手虎钳夹持工件进行钻孔，如图 6-14（a）所示。

（2）平口钳夹持。

中型工件多用平口钳夹持，如图 6-14（b）所示。用平口钳夹持工件钻通孔时，工件底部应垫上垫铁，空出钻孔部位，以免钻坏平口钳。

（a）手虎钳夹持 （b）平口钳夹持

（c）压板螺钉夹持

（d）圆形工件的夹持

图 6-14 工件装夹方法

（3）压板螺钉夹持。

大型工件和其他不适合用台虎钳夹紧的工件，可直接用压板螺钉固定在钻床工作台上，如图6-14（c）所示。当夹紧表面为已加工表面时，应添加衬垫，防止压出印痕。

（4）圆形工件的夹持。

在轴类工件上钻孔时，可用 V 形铁进行装夹，如图 6-14（d）所示。应注意钻头轴心线必须与 V 形铁的对称平面垂直，避免出现钻孔不对称的现象。

4．起钻

首先将钻头、工件正确夹持，让钻头的轴心线和工件的中心线重合，然后试钻，也即用钻头对准冲眼钻一个浅坑，观察浅坑与所划的圆周是否同心，若同心，则继续钻削；若不同心，应及时借正。当偏位较少时，可在钻削的同时移动工件来借正；如偏位较多，可在借正方向上打几个样冲眼，以减少其切削阻力，达到借正目的。

5．手动进给操作

当起钻达到钻孔位置要求后，就可以完成钻削工作。钻削时应注意：

（1）进给时用力不可太大，以防钻头弯曲，使钻孔轴线歪斜。

（2）钻深孔或小直径孔时，进给力要小，并经常退钻排屑，防止切屑阻塞而折断钻头。

（3）孔将钻通时，进给力必须减小，以免进给力突然过大，造成钻头折断，或使工件随钻头转动造成事故。

三、钻孔的安全文明生产

（1）钻孔前，清理好工作场地，检查钻床安全设施是否齐备。

（2）必须戴防护眼镜，扎紧衣袖，戴好工作帽，严禁戴手套操作钻床。

（3）开动钻床前，检查钻夹头钥匙或斜铁是否插在钻床主轴上。

（4）钻孔时工件应装夹牢固，孔快钻穿时，要减小进给力。

（5）清除切屑时不能用嘴吹、手拉，要用毛刷清扫。

（6）停车时应让主轴自然停止，严禁用手制动。

（7）严禁在开车状态下装拆工件、测量工件或变换主轴转速。

（8）清洁钻床或加注润滑油时应切断电源。

（9）加工过程中，要严格遵守安全文明生产的规定，防止事故发生。

New 学习巩固

论述题

1．简述钻削用量的三要素。

2．简述直径不同的钻头的装夹方法。

3．简述工件钻削时的装夹方法。

4．简述钻孔安全文明生产的注意事项。

任务6.4 铰 孔

**目标任务**

1. 了解铰刀的结构；
2. 掌握铰孔的方法。

**工作过程**

1. 讲解铰刀的结构；
2. 讲解铰孔的基本方法。

知识链接

铰孔是用铰刀对已有孔进行精加工，以获得较高的尺寸精度和较小的表面粗糙度值的加工方法。其加工精度可达 IT6～IT7 级，表面粗糙度值 Ra=0.4～0.8μm。

一、铰刀的结构

铰刀由柄部、颈部和工作部分组成，如图 6-15 所示。工作部分又分为切削部分和校准部分。切削部分呈锥形，主要担负切削工作。校准部分起着导向和修光的作用。

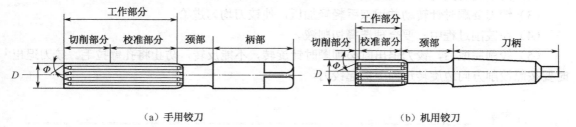

（a）手用铰刀　　　　　　　　　　　（b）机用铰刀

图 6-15　铰刀的结构

铰刀分为手用铰刀和机用铰刀，钳工训练多用手用铰刀；当孔径较大时，由于切削力较大，多采用机用铰刀。

二、铰削余量

铰孔之前，孔径必须加工到适当的尺寸，使铰刀只能切下很薄的金属层，铰孔前加工余量的确定可参考表 6-1。

表 6-1　铰削余量的推荐值

铰孔直径（mm）	0～5	5～20	21～32	33～50	51～70
铰削余量（mm）	0.1～0.2	0.2～0.3	0.3	0.5	0.8

三、切削液的选用

铰孔时，铰刀与孔壁摩擦较严重，会产生大量的热量，所以必须选用适当的切削液，以减少摩擦和散发热量，同时将切屑及时冲掉。切削液的选择见表 6-2。

表 6-2 铰削切削液的选择

加 工 材 料	切 削 液
钢	1. 10%~20%的乳化液 2. 铰孔要求较高时，用 30%的菜油加 70%的乳化液 3. 高精度铰削时，可用菜油、柴油、猪油
铸铁	1. 不用 2. 煤油（但会引起孔径缩小） 3. 低浓度乳化液
铝	煤油
铜	乳化液

四、手工铰孔操作

（1）工件要夹正，夹紧力要适当，以防止工件变形。

（2）两手用力要均匀，避免铰刀摇摆而造成孔口喇叭状和孔径扩大。

（3）铰刀要顺时针转动并用双手轻轻加压，使铰刀均匀进给。

（4）在铰削过程中，要合理选择切削液。

（5）铰削完成后，铰刀退出时必须顺时针旋转，不能反转，防止将孔壁拉毛。铰刀退出时要按照铰削方向边旋转边向上提起铰刀。

任务 6.5 钻孔、铰孔技能训练

 目标任务

1. 掌握一般孔的钻削加工及铰孔加工；
2. 安全文明生产。

 **工作过程**

1. 了解目标任务；
2. 分析实操图，确定加工工艺。

知识链接

一、零件图纸

钻、铰孔训练图如图 6-16 所示。

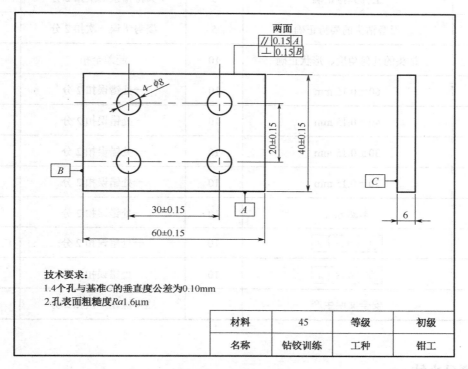

图 6-16　钻、铰孔训练图

二、加工工艺

（1）加工 A 和 B 两垂直面，以此作为基准。

（2）以 A、B 两垂直面为基准，划出加工线 60±0.15mm 和 40±0.15mm。

（3）锯削、锉削加工（60±0.15）mm×（40±0.15）mm，达到尺寸要求和形位公差要求。

（4）以基准 A、B 划 4-ϕ8mm 通孔的中心线。

（5）用样冲打中心样冲眼。

（6）牢固装夹工件，钻 4-ϕ8mm 孔。

（7）铰 4-ϕ8mm 孔。

三、考核标准

考核表见表 6-3。

表6-3 考核表

序 号	检 查 内 容	配 分	评 分 标 准	得 分
1	操作钻床的姿势正确	10	姿势错误一次扣2分	
2	工件夹持正确	5	夹持错误一次扣2分	
3	刃磨钻头的姿势正确	5	姿势错误一次扣2分	
4	钻头的几何角度、形状正确	10	超差全扣	
5	60±0.15 mm	10	一处错误扣2分	
6	40±0.15 mm	10	一处错误扣2分	
7	30±0.15 mm	10	一处错误扣2分	
8	20±0.15 mm	10	一处错误扣2分	
9	4-ϕ8 mm	10	一处错误扣2分	
10	⊥ 0.15 B	10	一处错误扣2分	
11	∥ 0.15 A	10	一处错误扣3分	
12	安全文明生产		违章操作一次扣2分	

项目小结

　　选择适当的方法对孔进行加工是钳工重要的工作之一。本项目主要介绍钳工常用的钻床和钻头的组成、钻头的刃磨及钻孔、铰孔的基本方法。通过动手实训，使学生了解麻花钻的组成，初步学会刃磨麻花钻、钻孔、铰孔的方法。

项目七 攻螺纹与套螺纹

项目描述

螺纹被广泛应用于各种机械设备、仪器仪表中，作为连接、紧固、传动、调整的一种结构。本项目主要介绍攻螺纹和套螺纹的工具、攻螺纹前底孔直径的计算方法、套螺纹前圆杆直径的确定方法。

学习目标

1. 了解攻螺纹工具的结构、性能及攻螺纹前底孔直径的计算方法；
2. 了解套螺纹工具的结构、性能及套螺纹前圆杆直径的确定方法；
3. 能正确使用螺纹加工的工具；
4. 掌握攻螺纹的方法；
5. 掌握套螺纹的方法。

教学建议

要求学生了解攻螺纹和套螺纹的基本知识，仔细观摩教师的操作，了解攻螺纹和套螺纹时可能出现的问题及原因，掌握钳工加工螺纹的操作方法及动作要领。

任务 7.1 攻螺纹前的知识准备

目标任务

1. 了解丝锥和铰杠的结构；
2. 掌握攻螺纹前底孔直径的计算方法；
3. 掌握攻螺纹的方法。

工作过程

1. 讲解丝锥和铰杠的种类和特点；
2. 讲解攻螺纹前底孔直径的计算方法；
3. 讲解并演示攻螺纹的方法。

知识链接

一、丝锥和铰杠

1. 丝锥

丝锥是加工内螺纹的工具，主要由工作部分和柄部组成，如图 7-1 所示。工作部分包括切削部分和校准部分。切削部分制成锥形，起切削作用。校准部分具有完整的齿形，用来校准已切出的螺纹，并引导丝锥沿着轴向前进。

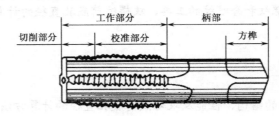

图 7-1 丝锥的组成部分

常用的丝锥有手用丝锥、机用丝锥。手用丝锥一般由两支组成一套，分头攻和二攻。头攻丝锥由于斜角小，攻螺纹时便于切入，一般先用头攻丝锥切除大部分余量，再用二攻丝锥加工至标准螺纹尺寸，并起修光作用。攻直径较小的螺纹，为了提高效率，可用一只丝锥加工成形。

2. 铰杠

攻螺纹时，用铰杠作为夹持丝锥的工具，有普通铰杠（图 7-2）和丁字形铰杠（图 7-3）两种。各类铰杠又分为固定式和活络式。固定式铰杠常用于攻 M5 以下的螺孔。活络式铰杠可以调节方孔尺寸，使用范围较广。

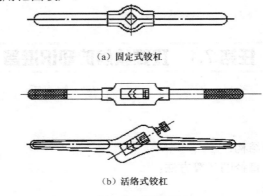

（a）固定式铰杠

（b）活络式铰杠

图 7-2 普通铰杠

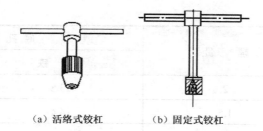

（a）活络式铰杠　　　　（b）固定式铰杠

图7-3　丁字形铰杠

二、攻螺纹前底孔直径和钻孔深度的确定

1. 通孔螺纹底孔直径的经验计算式

用丝锥攻螺纹时，底孔直径的大小可用下列经验公式计算得出。

脆性材料：$D_底 = D - 1.05P$

韧性材料：$D_底 = D - P$

式中，$D_底$——底孔直径；

$\quad$ D——螺纹大径；

$\quad$ P——螺距。

底孔直径也可以通过查表7-1来确定。

表7-1　普通螺纹攻螺纹前底孔直径（单位：mm）

螺 纹 大 径	螺　　距	底 孔 直 径	
		铸　　铁	钢
3	0.5	2.5	2.5
	0.35	2.6	2.7
4	0.7	3.3	3.3
	0.5	3.5	3.5
5	0.8	4.1	4.2
	0.5	4.5	4.5
6	1	4.9	5
	0.75	5.2	5.2
8	1.25	6.6	6.7
	1	6.9	7
10	1.5	8.4	8.5
	1.25	8.6	8.7
12	1.75	10.1	10.2
	1.5	10.4	10.5

螺纹大径	螺　距	底 孔 直 径	
		铸　铁	钢
16	2	13.8	14
	1.5	14.4	14.5
18	2.5	15.3	15.5
	2	15.8	16
20	2.5	17.3	17.5
	2	17.8	18
22	2.5	19.3	19.5
	2	19.8	20
24	3	20.7	21
	2	21.8	22

例：分别在中碳钢和铸铁上攻 M12×1.75 的螺孔，求各自的底孔直径。

解：中碳钢属韧性材料，故底孔直径为

$$D_底 = D - P = 12 - 1.75 = 10.25mm$$

铸铁属脆性材料，故底孔直径为

$$D_底 = D - 1.05P = 12 - 1.05 \times 1.75 = 10.16mm$$

2．不通孔螺纹钻孔深度的确定

攻不通孔螺纹时，钻孔深度要大于所需的螺纹深度，公式如下：

$$H_钻 = h + 0.7D$$

式中，$H_钻$——钻孔深度（mm）；

　　　h——需要的螺纹深度（mm）；

　　　D——螺纹大径（mm）。

三、攻螺纹方法

（1）准备工作。在工件上攻螺纹前孔口必须倒角，通孔螺纹底孔两端孔口都要倒角，使丝锥容易切入，并防止攻螺纹后孔口的螺纹崩裂。

（2）用头攻丝锥起攻。起攻时，将丝锥放正，右手握住铰杠中间，对丝锥施加适当的压力和扭力，左手配合顺向旋进，如图 7-4（a）所示。

（3）当丝锥切入 1～2 圈后，用角尺在两个相互垂直的平面内观察丝锥轴线的垂直情况，如图 7-4（b）所示，边旋进边检查边校准，使之达到要求。当丝锥的位置准确无误后，两手平稳地继续旋转铰杠，这时不需要再施加压力，丝锥自然进入工件内。

在工作过程中，丝锥每进入 1/2～1 圈时，要倒转 1/4～1/2 圈，使切屑切断后被挤出，如图 7-4（c）所示，并经常用毛刷加注机油润滑。

（4）用二攻丝锥攻螺纹。用手将二攻丝锥旋入到不能旋进时，再改用铰杠夹持丝锥继续攻螺纹。

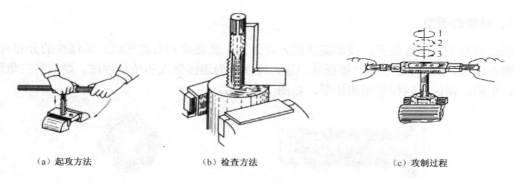

（a）起攻方法　　　　　　（b）检查方法　　　　　　（c）攻制过程

图 7-4　攻螺纹方法

（5）攻不通孔螺纹。可在丝锥上做好深度标记，并要经常退出丝锥，及时清除留在孔内的切屑，避免因切屑堵塞而使丝锥折断，或攻丝达不到相应的深度要求。

学习巩固

一、填空题

1. 攻螺纹是指用一定的工具在圆柱孔的内表面加工出_____的方法。
2. 丝锥是加工_____的工具，工作部分包括_____部分和_____部分。
3. 通孔螺纹底孔直径的经验计算式，脆性材料 $D_底$=_____。
4. 攻不通孔螺纹时，钻孔深度一般约为螺纹大径的_____倍。

二、判断题

1. 确定通孔螺纹底孔直径时，脆性材料和塑性材料的计算公式是一样的。　（　　）
2. 在工件上攻螺纹前孔口必须倒角。　（　　）

三、论述题

1. 简述丝锥的用途及结构组成。
2. 简述用丝锥攻螺纹的方法。

知识拓展

螺纹的基本知识

一、螺纹的类型和应用

1. 螺纹连接的特点

（1）螺纹拧紧时能产生很大的轴向力。
（2）能方便地实现自锁。

（3）外形尺寸小。

（4）制造简单，能保持较高的精度。

2．螺纹的类型

螺纹的分类方法有很多，按螺旋线的方向分为左旋螺纹和右旋螺纹；按螺纹的分布有内螺纹和外螺纹，如图7-5所示；根据其用途，可以分为连接螺纹和传动螺纹。螺纹有三角形、梯形、矩形、锯齿形四种常用的牙型，如图7-6所示。

（a）外螺纹　　　　　　　　　　　　　　　（b）内螺纹

图7-5　内螺纹和外螺纹

（1）三角形螺纹。

三角形螺纹如图 7-6（a）所示，有普通三角形螺纹和管螺纹。普通三角形螺纹的牙型角为60°，又可分为粗牙螺纹和细牙螺纹。同一公称直径中，螺距最大的螺纹称为粗牙螺纹，其余的全部为细牙螺纹。粗牙螺纹用于一般连接，其自锁性能好，适用于薄壁零件和微调装置。

（2）矩形螺纹。

矩形螺纹如图7-6（b）所示，传动效率高，但齿根强度较低，适合作为传动螺纹。

（3）梯形螺纹。

梯形螺纹如图7-6（c）所示，牙型角为30°，是应用最广泛的一种传动螺纹。

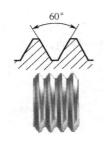
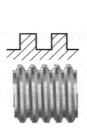
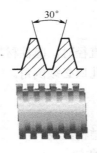
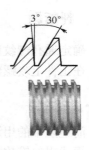

（a）三角形螺纹　　　（b）矩形螺纹　　　（c）梯形螺纹　　　（d）锯齿形螺纹

图7-6　螺纹的牙型

（4）锯齿形螺纹。

锯齿形螺纹如图7-6（d）所示，属于单向传力的传动螺纹。

二、螺纹的主要参数

圆柱形螺纹的主要参数，如图7-7所示。

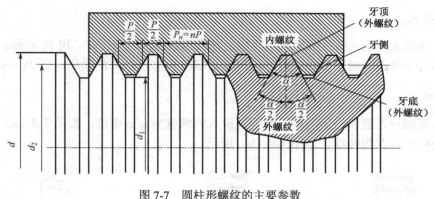

图 7-7　圆柱形螺纹的主要参数

1．大径 d、D

大径指与外螺纹的牙顶（或内螺纹的牙底）相重合的假想圆柱面的直径，外螺纹的大径用"d"表示，内螺纹的大径用"D"表示，螺纹的大径是螺纹的公称直径（管螺纹除外）。

2．小径 d_1、D_1

小径指与外螺纹的牙底（或内螺纹的牙顶）相重合的假想圆柱面的直径。外螺纹的小径用"d_1"表示，内螺纹的小径用"D_1"表示，此直径通常用于危险截面的强度计算。

3．中径 d_2、D_2

中径是一假想圆柱面的直径，螺纹在此圆柱面上的凸起和凹槽的宽度相等，外螺纹的中径用"d_2"表示，内螺纹的中径用"D_2"表示。

4．线数 n

线数指螺纹的螺旋线根数，用 n 表示。螺纹可分为单线螺纹和多线螺纹，图 7-8（a）为单线螺纹，图 7-8（b）为多线螺纹。

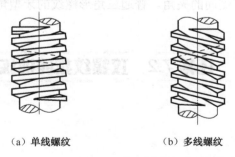

（a）单线螺纹　　　　（b）多线螺纹

图 7-8　螺纹的线数

5．螺距 P

螺距是相邻两牙在中径线上对应两点间的轴向距离，是螺纹的基本参数，用 P 表示。如图 7-7 所示。

6. 导程 P_h

在同一条螺旋线上，相邻两牙在中径线上对应两点间的轴向距离，用 P_h 表示。对于单线螺纹，导程等于螺距；对于多线螺纹，导程等于螺距 P 和线数 n 的乘积，即 $P_h = nP$。

7. 旋向

螺纹的旋向有左旋和右旋两种。顺时针旋入的螺纹为右旋螺纹，如图 7-9（a）所示。逆时针旋入的螺纹为左旋螺纹，如图 7-9（b）所示。

（a）右旋螺纹　　　　　　　（b）左旋螺纹　　　　　　（c）螺纹旋向的判别

图 7-9　螺纹旋向

螺纹的旋向一般用右手法则来判别，如图 7-9（c）所示。方法如下：伸直右手，掌心向着自己，四指顺着螺纹的轴线方向，若螺旋线的方向与大拇指的倾斜方向一致，即为右旋，反之为左旋。

8. 螺纹升角 λ

螺纹中径上螺旋线的切线与垂直于螺纹轴线的平面之间的夹角为螺纹升角。

9. 牙型角 α

牙型角是螺纹相邻两牙侧间的夹角。普通三角形螺纹的牙型角为 60°。

任务 7.2　攻螺纹技能训练

目标任务

1. 掌握攻螺纹前底孔直径的确定方法；
2. 掌握攻螺纹的方法；
3. 了解丝锥折断的原因和防止方法，以及攻丝中常见问题产生的原因和防止方法。

工作过程

1. 了解目标任务；

2. 分析实操图，确定加工工艺。

📖知识链接

一、实训内容

攻螺纹训练图如图 7-10 所示。

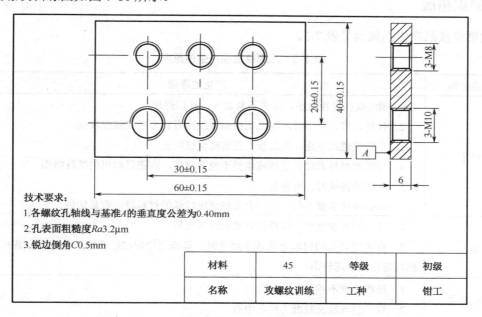

技术要求：
1. 各螺纹孔轴线与基准A的垂直度公差为0.40mm
2. 孔表面粗糙度Ra3.2μm
3. 锐边倒角C0.5mm

材料	45	等级	初级
名称	攻螺纹训练	工种	钳工

图 7-10 攻螺纹训练图

二、加工工艺

（1）将工件装夹在台虎钳上，对所有孔进行倒角。
（2）用 M8 丝锥的头锥进行攻丝（应加注润滑油）。
（3）用二锥继续攻丝，达到图纸要求。
（4）用相应的 M8 螺纹检测。
（5）重复操作，用 M10 丝锥攻螺纹。

三、考核标准

考核表见表 7-2。

表 7-2 考核表

序 号	检 查 内 容	配 分	评 分 标 准	得 分
1	攻丝前底孔直径的计算	10	计算错误应重新计算	
2	正确的攻丝方法	20	方法错误一次扣 5 分	
3	3-M8 螺纹合格	30	超差一处全扣	

续表

序　号	检查内容	配　分	评分标准	得　分
4	3-M10 螺纹合格	30	超差一处全扣	
5	工具使用正确	10	使用错误一次扣 2 分	
6	安全文明生产		违章操作一次扣 2 分	

 知识拓展

攻螺纹废品产生的原因见表 7-3。

表 7-3　攻螺纹废品产生的原因

废品分析	产生的原因
烂牙	1. 螺纹底孔直径太小，丝锥不易切入，孔口烂牙 2. 换用二锥、三锥时，与已切出的螺纹没有旋合好就强行攻削 3. 头锥攻螺纹不正，用二锥、三锥时强行纠正 4. 对塑性材料未加切削液或丝锥不经常倒转，而把已切出的螺纹啃伤 5. 丝锥磨钝或刀刃有粘屑 6. 丝锥铰杠掌握不稳，攻铝合金等强度较低的材料时，容易切烂
滑牙	1. 攻不通孔螺纹时，丝锥已到底仍继续扳转 2. 在强度较低的材料上攻较小螺孔时，丝锥已切出螺纹仍继续加压力，或攻完退出时连铰杠一起转出
螺孔攻歪	1. 丝锥位置不正 2. 攻丝时丝锥没对准工件孔中心
螺纹牙深不够	1. 攻螺纹前底孔直径太大 2. 丝锥磨损

任务 7.3　套螺纹基本知识

 目标任务

1. 了解套螺纹的工具及其结构；
2. 掌握套螺纹前圆杆直径的确定方法；
3. 掌握套螺纹的方法。

工作过程

1. 讲解板牙和板牙架的结构特点；
2. 讲解套螺纹前圆杆直径的计算方法；

3．讲解并演示套螺纹的方法。

📖 **知识链接**

用板牙在圆杆上切削出外螺纹的方法称为套螺纹。

一、套螺纹工具

1．板牙

板牙是加工外螺纹的工具。它由切削部分、校准部分和排屑孔组成。其本身就像一个圆螺母，在它上面钻有几个排屑孔而形成刃口，如图 7-11 所示。

2．板牙架

板牙架是装夹板牙的工具，图 7-12 是常用的圆板牙架。

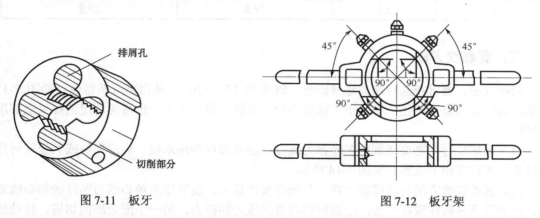

图 7-11　板牙　　　　　　　　　　　图 7-12　板牙架

二、套螺纹前圆杆直径的确定

套螺纹前圆杆直径应稍小于螺纹大径。一般圆杆直径用下列经验计算式确定：

$$d_{杆}=d-0.13P$$

式中，$d_{杆}$——圆杆直径；

d——螺纹大径；

P——螺距。

圆杆直径也可以由表 7-4 中查出。

表 7-4　套螺纹时圆杆直径（单位：mm）

粗牙普通螺纹			
螺纹直径	螺距	圆杆直径	
		最小直径	最大直径
M6	1	5.8	5.9
M8	1.25	7.8	7.8
M10	1.5	9.75	9.85

粗牙普通螺纹			
螺纹直径	螺距	圆杆直径	
		最小直径	最大直径
M12	1.75	11.75	11.9
M14	2	13.7	13.85
M16	2	15.7	15.85
M18	2.5	17.7	17.85
M20	2.5	19.7	19.85
M22	2.5	21.7	21.85
M24	3	23.65	23.8
M27	3	26.65	26.8
M30	3.5	29.6	29.8

三、套螺纹方法

套螺纹前，通常在圆杆端部进行倒角，锥角为 15°～20°，从而形成圆锥体，如图 7-13 所示。其倒角的最小直径，要略小于螺纹小径，使板牙容易切入，也避免切出的螺纹端部出现锋口。

（1）套螺纹时，需要切削的工件都为圆杆，通常圆杆要用木板、V 形夹块或其他软衬作为衬垫，在台虎钳上夹紧，如图 7-14 所示。

（2）套螺纹的方法与攻螺纹一样，首先将板牙放正，使板牙的轴心线与圆杆的轴心线重合。一手用手掌按住铰杠中部，沿圆杆轴向施加压力和扭力，另一手配合顺向切进，转动要慢，压力要大且均匀，及时检查并保证板牙端面与圆杆轴线的垂直度要求。

（3）板牙正常切入工件后，不要再施加压力，只转动板牙架，让板牙自然前进，并要经常倒转以便于断屑、排屑。

（4）在钢件上套螺纹时要加切削液以便于润滑，其目的是使切削省力，延长板牙的使用寿命。一般可用机油或较浓的乳化液，要求高时可用工业植物油。

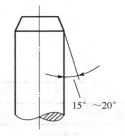

图 7-13　套螺纹前圆杆的倒角

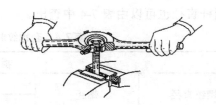

图 7-14　圆杆的夹持方法

学习巩固

一、填空题

1. 用_____在圆杆上切削出外螺纹，称为套螺纹。

2. 板牙是加工_____的工具，它由_____、_____和_____组成。

3. _____是装夹板牙的工具。

4. 套螺纹前，通常在圆杆端部进行_____，从而形成圆锥体。

二、判断题

1. 加工外螺纹也可以用丝锥。　　　　　　　　　　　　　　　　　　　（　　）

2. 套螺纹前的圆杆直径应稍小于螺纹大径。　　　　　　　　　　　　　（　　）

3. 在钢件上套丝时要加切削液以便于润滑，其目的是使切削省力，延长板牙的使用寿命。　　　　　　　　　　　　　　　　　　　　　　　　　　　　　　（　　）

三、论述题

1. 简述套螺纹前圆杆直径的确定方法。

2. 简述套螺纹方法。

任务7.4　套螺纹技能训练

 **目标任务**

1. 掌握套螺纹前圆杆直径的确定方法；

2. 掌握套螺纹的方法；

3. 了解套螺纹中常见问题的产生原因和防止方法。

工作过程

1. 了解目标任务；

2. 分析实操图，确定加工工艺。

知识链接

一、实训内容

套螺纹训练图如图7-15所示。

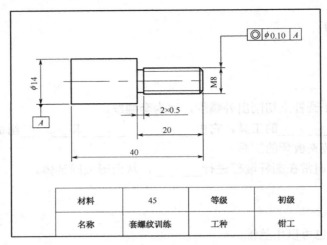

材料	45	等级	初级
名称	套螺纹训练	工种	钳工

图 7-15　套螺纹训练图

二、加工工艺

（1）将工件竖直夹持在台虎钳上。

（2）对工件进行套螺纹。

三、考核标准

考核表见表 7-5。

表 7-5　考核表

序　号	检 查 内 容	配　分	评 定 标 准	得　分
1	套螺纹方法正确	40	错误一次扣 2 分	
2	M8 螺纹合格	30	超差全扣	
3	同轴度公差合格	30	超差扣 20 分	
4	安全文明生产		违章操作一次扣 2 分	

 知识拓展

套螺纹时废品产生的原因见表 7-6。

表 7-6　套螺纹时废品产生的原因

废品分析	产生的原因
烂牙	1. 圆杆直径太大 2. 板牙磨钝 3. 套螺纹时，板牙没有经常倒转
烂牙	4. 铰杠掌握不稳，套螺纹时，板牙左右摇摆 5. 板牙歪斜太多，套螺纹时强行修正 6. 板牙刀刃上具有切屑瘤 7. 用带调整槽的板牙套螺纹，第二次套螺纹时板牙没有与已切出的螺纹旋合，就强行套螺纹 8. 未采用合适的切削液

续表

废 品 分 析	产生的原因
螺纹歪斜	1. 板牙端面与圆杆不垂直 2. 用力不均匀，铰杠歪斜
螺纹中径小 （齿形瘦）	1. 板牙已切入仍施加压力 2. 由于板牙端面与圆杆不垂直而多次纠正，使部分螺纹切去过多
螺纹牙深不够	1. 圆杆直径太小 2. 用带调整槽的板牙套螺纹时，直径调节太大

 项目小结

螺纹加工的方法很多，钳工只能加工牙型为三角形的常用内、外螺纹。

本项目重点介绍了攻螺纹和套螺纹的操作方法，使学生掌握攻螺纹前底孔直径及套螺纹前圆杆直径的确定方法。

项目八 锉削六面体

一、目标任务

1. 掌握六角螺母的加工方法，达到一定的锉削精度。
2. 掌握 120°角度样板的测量和使用方法，提高游标卡尺测量准确度。

二、实训图纸

锉削六面体实训图如图 8-1 所示。

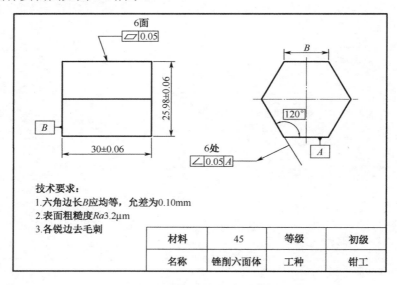

技术要求：
1. 六角边长 B 应均等，允差为 0.10mm
2. 表面粗糙度 Ra3.2μm
3. 各锐边去毛刺

材料	45	等级	初级
名称	锉削六面体	工种	钳工

图 8-1 锉削六面体实训图

三、工作过程

1. 检查毛坯尺寸，应符合要求 ϕ30mm×32 mm。

2. 锉削基准面 B，划尺寸 30mm 相对面的加工线，并锯削、锉削，达到平面度、尺寸公差及表面粗糙度的要求。

3. 粗锉、精锉面 1，同时要保证面 1 与圆柱母线间的尺寸为 27.99±0.06mm，如图 8-2

所示。

4．粗锉、精锉面 2：先以面 1 为基准，画出相距尺寸为 25.98mm 的平面加工线，然后进行锉削，达到规定尺寸。

5．粗锉、精锉面 3：达到同样要求，注意保证角度 120°。

6．粗锉、精锉面 4：达到同样要求，并使边长与第三面边长相等。

7．以第三面为基准，划出相距尺寸为 25.98mm 的平面加工线，粗锉、精锉面 5 达到同样要求。

8．以第四面为基准，划出相距尺寸为 25.98mm 的平面加工线，粗锉、精锉面 6 达到同样要求。

9．按图样要求做全部精度复检，并做必要的修整锉削，然后将各锐边均匀倒棱。

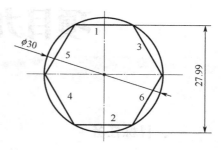

图 8-2　锉削六面体的顺序

四、注意事项

1．本项目是钳工加工的综合实训项目，要求锉削姿势和动作完全正确，一些不正确的姿势和动作要全部纠正。

2．在锉削时，必须经常用钢丝刷清除嵌入锉刀齿纹内的锉屑。

3．在加工时，要注意尺寸精度、形位公差、表面粗糙度等，应达到全部精度要求。

4．为便于掌握加工各面时的粗锉余量，加工前可在加工面两端按划线位置用锉刀倒出加工余量的倒角。

五、考核标准

考核表见表 8-1。

表 8-1　考核表

序　号	检查内容	配　分	评分标准	得　分
1	锉削姿势正确	10	酌情扣分	
2	工量具摆放整齐	10	酌情扣分	
3	25.98±0.06mm（3 处）	9	超差一处扣 3 分	
4	$B±0.10$mm（6 处）	12	超差一处扣 2 分	
5	平面度 0.05mm（6 面）	12	超差一处扣 2 分	
6	120°夹角倾斜度小于 0.05mm	18	超差一处扣 3 分	
7	表面粗糙度 $Ra3.2\mu m$（6 处）	18	超差一处扣 3 分	
8	锐边去毛刺	11	酌情扣分	
9	安全文明生产		违章操作一次扣 2 分	

项目九 锉配凹凸体

一、目标任务

1. 掌握对称工件的划线、配合件的制作。
2. 学会孔的攻螺纹加工。
3. 正确使用和保养千分尺。
4. 掌握对称工件的加工和测量方法。
5. 掌握锉削、锯削、钻削的基本技能，达到一定的加工精度要求。

二、实训图纸

锉配凹凸体实训图如图 9-1 所示。

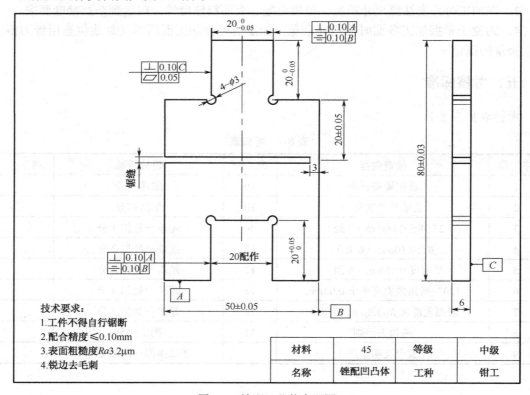

技术要求：
1. 工件不得自行锯断
2. 配合精度≤0.10mm
3. 表面粗糙度 Ra3.2μm
4. 锐边去毛刺

材料	45	等级	中级
名称	锉配凹凸体	工种	钳工

图 9-1 锉配凹凸体实训图

三、工作过程

1. 锉削 A、B 两垂直面作为基准。

2. 以 A、B 两垂直面为基准，划出轮廓线。

3. 锯削，根据图示要求留合适的锉削余量。

4. 按图样要求锉好外轮廓，达到尺寸精度及垂直度、平行度、表面粗糙度的要求。

5. 以 A、B 两垂直面为基准，按要求划出凹凸体加工线。

6. 钻工艺孔 4-ϕ3mm。

7. 加工凸形面。

（1）选择一肩按划线锯去一角，粗、精锉两垂直面，直至达到精度要求。

（2）按划线锯去另一肩角，粗、精锉两垂直面至达到精度要求。

8. 加工凹形面。

（1）用钻头钻出排孔，锯除凹形面的多余部分，然后粗锉至接触线条。

（2）细锉凹形面顶端面，保证与凸件端面的配合精度。

（3）细锉凹件的两侧垂直面，保证与凸件侧面的配合精度。

（4）全部锐边倒角，并保证尺寸精度。

四、考核标准

考核表见表 9-1。

表 9-1　考核表

序　号	检查内容	配　分	评分标准	得　分
1	50±0.05mm	10	超差全扣	
2	20±0.05mm	10	超差全扣	
3	尺寸 $20_{-0.05}^{0}$ mm（两处）	10	超差全扣	
4	尺寸 $20_{0}^{+0.05}$ mm	10	超差全扣	
5	20mm 配作	10	超差全扣	
6	配合后凹凸对称度 0.10mm	10	超差全扣	
7	工艺孔 4-ϕ3mm	4	超差一处扣 1 分	
8	平面度（两面）	6	超差一处扣 2 分	
9	垂直度	10	超差一处扣 1 分	
10	表面粗糙度 Ra3.2mm（10 面）	20	超差一面扣 2 分	
11	安全文明生产		违章操作一次扣 2 分	

项目十 L 块三件配

一、目标任务

1. 巩固划线、锯削、锉削、钻孔等基本技能。
2. 学会多件配合的制作。
3. 安全文明生产。

二、实训图纸

L 块三件配实训图如图 10-1 所示。

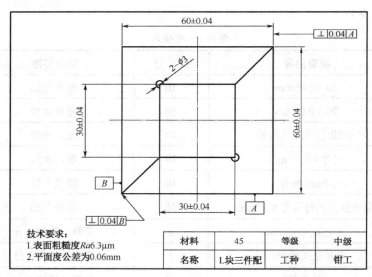

技术要求：
1.表面粗糙度 *Ra*6.3μm
2.平面度公差为0.06mm

材料	45	等级	中级
名称	L块三件配	工种	钳工

图 10-1 L 块三件配实训图

三、工作过程

1. 检查两块来料 65mm×65mm 尺寸。
2. 锉削 *A*、*B* 两垂直面作为基准。
3. 以 *A*、*B* 两面为基准，划出（60±0.04）mm×（60±0.04）mm。
4. 锯削，根据图示要求留合适的锉削余量，钻 2-*ϕ*3mm 工艺孔。

5．对角锯锉成两个直角等腰三角形块，锉削直角等腰三角形块的斜面，使直角面尺寸到 60±0.04mm。

6．在已加工好的直角形块上划出长为 30mm 的直角面。

7．加工 30mm 的直角面至 30±0.04mm。

8．加工（30±0.04）mm×（30±0.04）mm 的方块。

9．配合加工。

四、考核标准

考核表见表 10-1。

表 10-1　考核表

序　号	检查内容	配　分	评分标准	得　分
1	60±0.04mm（4 处）	20	超差一面扣 2 分	
2	30±0.04mm（8 处）	40	超差一面扣 2 分	
3	2-ϕ3mm（2 处）	10	超差一面扣 2 分	
4	垂直度（2 处）	10	超差一面扣 3 分	
5	表面粗糙度 Ra3.2μm	10	超差一面扣 1 分	
6	平面度公差	10	超差一面扣 1 分	
7	安全文明生产		违章操作一次扣 2 分	

项目十一　梯形样板锉配

一、目标任务

1. 掌握锉、锯、钻的技能，达到一定的加工精度要求。
2. 掌握梯形样板配合的方法，达到配合要求。

二、实训图纸

梯形样板锉配实训图如图 11-1 所示。

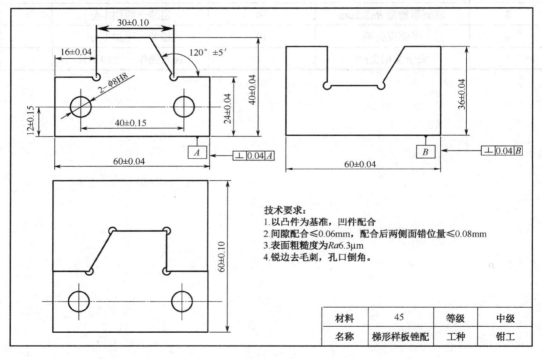

图 11-1　梯形样板锉配实训图

三、工作过程

1. 检查来料尺寸是否合格。
2. 按图样要求粗、精锉 A、B 两面，作为划线基准。

3. 锯削分料，加工凸、凹件的外形，分别达到（60±0.04）mm×（40±0.04）mm 的尺寸要求及形位公差要求。

4. 加工凸件。

（1）钻、铰削加工 2-ϕ8H8 孔，保证精度要求。

（2）钻工艺孔 2-ϕ3mm。

（3）锯削加工直角面，粗、精锉直角面，达到（16±0.04）mm×（24±0.04）mm 的尺寸要求。

（4）加工角度面，粗、精锉角度面，达到（24±0.04）mm×（30±0.10）mm 及角度 120°±5′ 的要求。

（5）对凸件进行精度检查，锐边去毛刺，孔口倒角，保证相应的尺寸要求和表面粗糙度要求。

5. 加工凹件。

（1）钻工艺孔 2-ϕ3。

（2）钻排孔，锯削凹件余料。

（3）以凸件为基准，锉配凹件，保证达到配合要求。

（4）全面精度复检，锐边去毛刺，孔口倒角。

6. 检查配合间隙。

四、考核标准

考核表见表 11-1。

表 11-1　考核表

序　号	检查内容	配　分	评分标准	得　分
1	（60±0.04）mm（2 处）	10	超差一处扣 2 分	
2	（40±0.04）mm	10	超差一处扣 2 分	
3	（16±0.04）mm	10	超差一处扣 2 分	
4	（30±0.10）mm	10	超差一处扣 2 分	
5	（24±0.04）mm	10	超差一处扣 2 分	
6	（36±0.04）mm	10	超差一处扣 2 分	
7	Φ8 定位尺寸 40 mm 和 12 mm 正确	10	超差一处扣 2 分	
8	孔 2-Φ8H8	5	超差扣 5 分	
9	角度 120°±5′	5	超差全扣	
10	⊥ 0.04 A	5	超差一处扣 2 分	
11	⊥ 0.04 B	5	超差一处扣 2 分	
12	4 个 Φ3 工艺孔位置正确	5	超差一处扣 3 分	
13	表面粗糙度 Ra6.3mm	5	一处不合格扣 1 分	
14	安全文明生产		违章操作一次扣 2 分	

项目十二　制作錾口榔头

一、目标任务

1．掌握锉、锯、钻的技能，达到一定的加工精度要求。
2．掌握斜面的加工方法。

二、实训图纸

制作錾口榔头实训图如图 12-1 所示。

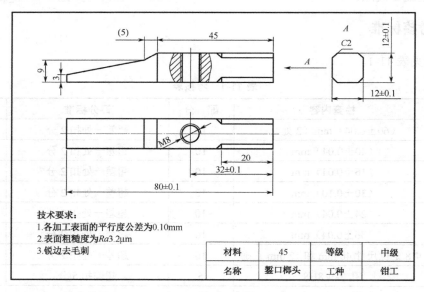

技术要求：
1.各加工表面的平行度公差为0.10mm
2.表面粗糙度为Ra3.2μm
3.锐边去毛刺

材料	45	等级	中级
名称	錾口榔头	工种	钳工

图 12-1　制作錾口榔头实训图

三、工作过程

1．检查来料尺寸 ϕ18mm×85mm 是否合格。

2．按图样要求锉削好尺寸 12mm×12mm，并达到平行度、垂直度要求。

3．以一长平面为基准，锉削相邻平面，达到尺寸、形位公差要求。

4．以长平面和端面为基准，划出錾头前端的形体加工线，分别用粗、细平锉锉削斜面，达到尺寸要求。

5. 划出 M8 孔的加工线，钻孔中心线，注意图示方向。

6. 用 $\phi6.8$mm 钻头钻 M8 圆柱螺纹底孔。

7. 攻螺纹 M8。

8. 对錾子右端部 20mm 尺寸处倒角。

9. 全部精度复检。

四、考核标准

考核表见表 12-1。

表 12-1　考核表

序　号	检 查 内 容	配 分	评 分 标 准	得　分
1	尺寸要求 12±0.1mm（2 处）	20	超差一处扣 10 分	
2	平行度 0.10mm（2 处）	10	超差一处扣 10 分	
3	垂直度 0.30mm（4 处）	10	超差一处扣 5 分	
4	倒角（4 处）	8	超差一处扣 3 分	
5	M8 定位尺寸 32mm 正确	10	超差全扣	
6	M8 螺纹加工正确	10	超差全扣	
7	榔头外形尺寸	12	视情况扣分	
8	倒角均匀，各棱线清晰	10	超差一处扣 3 分	
9	表面粗糙度 Ra3.2mm	10	一处不合格扣 1 分	
10	安全文明生产		违章操作一次扣 2 分	

附录一　中等职业学校钳工实训教学大纲

教育部关于印发中等职业学校

机械制图等 9 门大类专业基础课程教学大纲的通知

省、自治区、直辖市教育厅（教委），各计划单列市教育局，新疆生产建设兵团教育局，有关部门（单位）教育司（局）：

为了贯彻落实党的十七大精神和《国务院关于大力发展职业教育的决定》精神，进一步深化职业教育教学改革，提高职业教育质量和技能型人才培养水平，根据《教育部关于进一步深化中等职业教育教学改革的若干意见》（教职成〔2008〕8 号）和《教育部关于制定中等职业学校教学计划的原则意见》（教职成〔2009〕2 号），在认真总结上一轮中等职业教育教学改革经验的基础上，我部组织力量对现行中等职业学校机械制图等覆盖专业面广、规范性要求高的部分大类专业基础课程教学大纲进行了修订，现将新修订的 9 门教学大纲印发给你们，请认真组织实施。

各地要根据专业需要，结合制订相关专业的教学计划，统筹安排大类专业基础课程的教学工作，充分发挥这些课程在支撑后续专业技能课程学习，提高学生全面素质和综合职业能力及适应职业变化能力中的基础作用。要及时组织开展师资培训和教研活动，促进教师转变教育教学观念，提高运用新大纲的能力。要为新大纲的实施提供必要的条件保障，确保教学改革工作顺利进行。

新大纲自 2010 年春季学期开始实施。届时，我部 2000 年发布实施的中等职业学校机械制图等 16 门专业技术基础课程教学大纲停止使用。

各地在实施新大纲过程中，有发现的问题、意见和建议，请报我部职业教育与成人教育司。

附件：1．中等职业学校机械制图教学大纲

2．中等职业学校机械基础教学大纲

3．中等职业学校金属加工与实训教学大纲

4．中等职业学校机械常识与钳工实训教学大纲

5．中等职业学校电工技术基础与技能教学大纲

6．中等职业学校电子技术基础与技能教学大纲

7．中等职业学校电工电子技术与技能教学大纲

8．中等职业学校土木工程力学基础教学大纲

9．中等职业学校土木工程识图教学大纲

中华人民共和国教育部
二〇〇九年五月四日

中等职业学校机械常识与钳工实训教学大纲

一、课程性质与任务

本课程是中等职业学校非机类相关专业的一门基础课程。其任务是：使学生具备从事非机类相关专业工作所必备的机械常识和钳工技能，为学习后续专业课程打下基础；培养非机类专业学生解决涉及机械方面实际问题的基本能力；对学生进行职业意识培养和职业道德教育，使其形成严谨、敬业的工作作风，为今后解决生产实际问题和职业生涯的发展奠定基础。

二、课程教学目标

使学生了解机械制图国家标准及常用规定；了解机械图样的一般表达方法，会识读专业范围内的简单的机械图样；了解极限与配合、表面结构与表面粗糙度标注的含义，能识读简单的零件图；了解常用工程材料的性能及应用；掌握钳工常用工、量、刃具的选择方法，并能正确使用；了解钳工的基本工艺分析方法，能按图完成简单零件的钳工制作；了解常用机械传动的一般常识，会拆装简单的机械部件，能运用所学的专业基础知识解决一些简单的机械技术问题。

培养学生对机械技术的兴趣爱好，帮助学生了解机械技术常用的认知方法，养成自主学习的习惯，形成良好的职业道德和职业情感，提高适应职业变化的能力；遵守职业道德和职业规范，树立安全生产、节能环保和产品质量等职业意识。

三、教学内容与要求

教学单元	教学内容	教学要求与建议
概述	机械概述	可通过图片、多媒体等教学手段，了解零件、部件、构件、机械和机器的基本概念
	机械产品的制造过程	可采用参观等结合现场教学的方法，了解机械产品的制造过程及与机械产品制造过程相关的工种分类和特点，了解机械产品制造的相关规程，培养环保、节能意识
机械识图	机械识图常识	可采用实物、模型、挂图或多媒体等教学手段，了解实物与视图的对应关系及特点 了解国家机械制图标准的相关规定 了解正投影的概念，理解基本几何体的三视图，能识读简单组合体的三视图

教学单元	教学内容	教学要求与建议
机械识图	机械图样的表达方法	可采用实物、模型、挂图或多媒体等教学手段，理解并能识读基本视图、简单的剖视图和断面图 了解斜视图、局部视图和局部放大图的基本概念
	零件图	结合生产实际，可采用多媒体等教学手段，了解零件图的基本内容、零件的表达形式 了解零件几何精度指标的基本概念及其符号标注 掌握识读零件图的方法和步骤，了解常用标准件的结构及规定画法，并能正确识读典型零件的零件图 掌握查阅机械制图国家标准的方法
	装配图	结合专业实际，可采用多媒体等教学手段，了解配合的基本概念和种类 了解识读装配图的方法和步骤
常用机械传动	带传动	结合生产生活实际，了解带传动的类型和应用特点 了解带传动的工作过程及传动比
	链传动	结合生产生活实际，了解链传动的类型、应用特点和工作过程
	齿轮传动	结合生产生活实际，可采用实物、模型、挂图或多媒体等教学手段，了解齿轮传动的类型和特点 了解齿轮传动的工作过程和传动比 了解常用齿轮传动的应用场合
	机械润滑与密封	了解机械润滑的目的、润滑剂的作用、常用润滑剂及其选用和常用润滑方法 了解机械密封的目的和常用密封方式
常用工程材料	常用金属材料	了解金属材料的类型、用途、力学性能及工艺性能 了解工程用钢和有色金属及其合金的规格、性能、用途，能查阅相关手册
	工程塑料	了解通用塑料及工程塑料的基本性能和用途
钳工基础训练	钳工入门	熟悉钳工工作场地的常用设备（钳工工作台、砂轮机及钻床等），了解钳工的特点，掌握钳工的安全文明操作规程
	常用量具	了解常用量具的类型及长度单位基准，掌握游标卡尺、千分尺、角尺及万能角度尺的选用与维护方法
	划线	了解划线的种类，熟悉划线工具及其使用方法 掌握基本线条的划法，能进行一般零件的平面划线
	锯削	能使用手锯或手持式电动切割机 掌握锯削板料、棒料及管料的方法和要领
	锉削	了解锉刀的结构、分类和规格，会正确选用常用锉削工具、电动角向磨光机及抛光机等 掌握平面锉削的方法，会锉削简单平面立体

续表

教学单元	教学内容	教学要求与建议
钳工基础训练	钻孔	了解钻床、钻头的结构，会操作台钻和手电钻，熟练掌握钻头的装卸方法，能在工件上钻孔
	攻螺纹	了解攻螺纹工具的结构、性能，能正确使用攻螺纹工具，掌握攻螺纹的方法
	综合训练	按图完成一字形旋具、手锤或简单零件的制作
机械拆装技术基础	典型机械产品的拆装	能正确选用机械部件的拆装工具，会拆装简单机械部件

四、教学实施

（一）学时安排建议

教学单元	教学内容	建议学时数
概述	机械概述	1
	机械产品的制造过程	3
机械识图	机械识图常识	4
	机械图样的表达方法	6
机械识图	零件图	6
	装配图	2
常用机械传动	带传动	1
	链传动	1
	齿轮传动	2
	机械润滑与密封	1
常用工程材料	常用金属材料	4
	工程塑料	1
钳工基础训练	钳工入门	2
	常用量具	4
	划线	2
	锯削	2
	锉削	4
	钻孔	2
	攻螺纹	2

续表

教 学 单 元	教 学 内 容	建议学时数
钳工基础训练	综合训练	8
	典型机械产品的拆装	4
机动		2
合计		64

实行学分制的学校，可按 16～18 学时折合 1 学分计算。

（二）教学方法建议

1．重视实践和实训教学环节，坚持"做中学、做中教"，激发学生的学习兴趣。在教学过程中注重培养学生严谨、求实的工作态度和良好的职业素养。

2．注重认识教育和现场教学，可安排学生到学校实训基地或工厂参观学习，以增强感性认识，提高教学效率。

3．教学中应充分利用教具、模型、实物和多媒体课件等创设生动形象的教学情境，优化教学效果。要注意理论联系实际，注重讲练结合，还可通过组织小组合作学习、学生自主学习等形式，进行探究性教学。

（三）教材编写建议

教材编写应以本教学大纲为基本依据。

1．应反映时代特征与专业特色，适应不同教学模式的需求。

2．应反映新标准、新知识、新技术，融入国家相关职业资格标准中的有关内容。

3．配套的教学资源应丰富多彩，为教师教学和学生学习提供比较全面的支持。

（四）现代教育技术的应用建议

在教学过程中，应充分利用数字化教学资源辅助教学，合理利用网络与多媒体技术，努力推进现代教育技术在教学中的应用，积极创建适应个性化学习需求、强化实践能力培养的教学环境，提高教学质量。

五、考核与评价

1．注重评价内容的整体性，注重综合素质与能力评价，注重学生爱护工具、节省原材料、节约能源、规范与安全操作和保护环境等意识与观念的评价。

2．体现教师评价和学生自我评价和同学之间互相评价相结合，过程性评价和结果性评价相结合，定性描述、定量评价相结合，倡导采用表现性的评价方式。

3．根据不同地区、不同专业和不同学生的特点，对课程教学目标和教学要求可做进一步的细化，考核与评价的标准要与教学目标相对应。

4．对实习训练内容可独立考核。

附录二 中级钳工技能鉴定模拟试题

职业技能鉴定中级钳工应知模拟试题

一、填空题（每空1分，共25分）

1. 用丝锥加工内螺纹称为_____，用板牙套制外螺纹称为_____。
2. 在切削过程中，工件上形成_____表面、_____表面、_____表面三个表面。
3. 45钢的含碳量为_____。
4. 錾削时所用的工具主要是_____和_____。
5. 最大极限尺寸减去_____所得的代数差，叫上偏差。
6. 液压系统中控制阀，基本上可以分为_____、_____、_____三大类。
7. 绝大多数机润滑油是根据_____来分牌号的。
8. 允许尺寸变化的两个极限值称为_____。
9. 机械设备磨损阶段可分为_____、_____和_____。
10. 钻孔时，工件固定不动，钻头要同时完成两个运动：_____和_____。
11. 齿轮传动应满足两项基本要求：_____和_____。
12. 游标卡尺的尺身每一格为1mm，游标共有50格，当两量爪并拢时，游标的50格正好与尺身的49格对齐，则该游标卡尺的读数精度为____mm。
13. 机床分为若干种，其中C表示____，Z表示__，X表示_____。

二、单项选择题（每空1分，共25分）

1. 调质钢的热处理工艺常采用（　　）。
   - A. 淬火+低温回火
   - B. 淬火+中温回火
   - C. 淬火+高温回火
   - D. 退火
2. 普通平键根据（　　）不同可分为A型、B型、C型三种。
   - A. 尺寸的大小　　B. 端部的形状　　C. 截面的形状　　D. ABC均可
3. 在螺栓防松方法中，弹簧垫圈属于（　　）防松。
   - A. 利用摩擦力　　B. 利用机械　　C. 冲边防松　　D. 粘结防松
4. 钻床开动后操作者可以（　　）。
   - A. 戴手套　　B. 戴围巾　　C. 手拿棉纱　　D. 戴眼镜
5. 带传动是依靠（　　）来传递运动和动力的。
   - A. 主轴的动力
   - B. 主动轮的转矩
   - C. 带与带轮摩擦力
   - D. 点接触

6. （　　）不能用游标卡尺来测量。

    A. 圆跳度　　　　　B. 外部尺寸　　　　　C. 内部尺寸　　　　　D. 孔的深度

7. 下列（　　）材料最适合制造钻头。

    A. GCr15　　　　　B. W18Cr4V　　　　　C. 35　　　　　D. KTH300-06

8. 滚动轴承中，（　　）不是由滚珠轴承钢制造的。

    A. 内圈　　　　　B. 外圈　　　　　C. 滚动体　　　　　D. 保持架

9. 齿轮标准模数和标准压力角均在（　　）上。

    A. 齿顶圆　　　　　B. 节圆　　　　　C. 基圆　　　　　D. 分度圆

10. 关于尺寸 $\phi12H8/f7$ 说法错误的是（　　）。

    A. 基孔制间隙配合　　　　　　　　　B. 孔的公差等级为 6 级

    C. 轴的基本偏差为上偏差　　　　　　D. 孔的基本偏差为 H8

11. 下列（　　）的硬度最高。

    A. 20　　　　　B. 45　　　　　C. Q235　　　　　D. T7

12. 在机器运转中，能实现两轴结合或分离的是（　　）。

    A. 制动器　　　　　B. 离合器　　　　　C. 联轴器　　　　　D. 过载保护器

13. HT200 中数字 200 表示（　　）。

    A. 抗拉强度　　　　　B. 屈服强度　　　　　C. 疲劳强度　　　　　D. 塑性

14. 在螺纹的尺寸标注中，M36×2 表示的螺纹是（　　）。

    A. 粗牙普通螺纹　　　　　　　　　　B. 细牙普通螺纹

    C. 梯形螺纹　　　　　　　　　　　　D. 锯齿形螺纹

15. 棘轮机构的主动件是（　　）。

    A. 棘轮　　　　　B. 棘爪　　　　　C. 曲柄　　　　　D. 摇杆

16. 垂直于 H 面的平面称为（　　）。

    A. 正垂面　　　　　B. 铅垂面　　　　　C. 水平面　　　　　D. 一般面

17. 当两根轴相交成某一角度时，应采用（　　）。

    A. 齿式联轴器　　　B. 滑块联轴器　　　C. 万向联轴器　　　D. 凸缘式联轴器

18. （　　）在液压传动系统中可用于安全保护。

    A. 单向阀　　　　　B. 溢流阀　　　　　C. 节流阀　　　　　D. 顺序阀

19. 退火的主要目的是（　　）。

    A. 降低硬度　　　　　B. 提高强度　　　　　C. 提高耐磨性　　　　　D. 降低塑性

20. 下面解释正确的是（　　）。

    A. 平面度是位置公差　　　　　　　　B. 直线度是定位公差

    C. 同轴度是定位公差　　　　　　　　D. 同轴度是形状公差

21. 当有人触电而停止了呼吸，但心脏仍跳动时，应采取的抢救措施是（　　）。

    A. 立即送医院抢救　　　　　　　　　B. 请医生抢救

    C. 就地立即做人工呼吸　　　　　　　D. 做体外心脏按摩

22. 具有自锁作用的传动是（　　）。

    A. 带传动　　　　　B. 链传动　　　　　C. 蜗杆传动　　　　　D. 齿轮传动

23. 形位公差框格的第一格应填写（　　）。

A．形位公差名称   B．形位公差项目符号
C．形位公差数值   D．位置公差基准代号

24．标准麻花钻的顶角为（   ）。
A．120°±2°   B．90°±2°   C．135°±2°   D．118°±2°

25．钳工加工开始工作前，必须按照规定穿戴好防护用品是安全生产的（   ）。
A．重要规定   B．一般知识   C．规章   D．制度

三、判断题（正确的打"√"，错误的打"×"，每空 1 分，共 25 分）

1．机件上的每一个尺寸一般只标注一次，并应该标注在反映该结构最清晰的图形上。
（   ）

2．溢流阀属于流量控制阀。   （   ）

3．油缸属于液压系统的动力部分。   （   ）

4．V 带更换新带时，不必全组更换，只换拉长的一根即可。   （   ）

5．楔键连接时，键的两侧面是工作面。   （   ）

6．被加工零件的精度等级越低，数字越小。   （   ）

7．零件的公差等同于偏差。   （   ）

8．锥度等同于斜度。   （   ）

9．螺纹用于连接，没有传动作用。   （   ）

10．丝杠和螺母之间的相对运动，是把旋转运动转换成直线运动。   （   ）

11．上偏差的数值可以是正值，也可以是负值，或者为零。   （   ）

12．基准孔的最小极限尺寸等于基本尺寸，故基准孔的上偏差为零。   （   ）

13．当两轴间距离过远时，适宜采用齿轮传动。   （   ）

14．扩孔是用扩孔钻对工件已有的孔进行扩大加工。   （   ）

15．1 英寸等于 8 英分。   （   ）

16．使用新锉刀时，应先用一面，紧接着再用另一面。   （   ）

17．游标卡尺主尺一格与副尺一格的差值即是该尺的最小读数值。   （   ）

18．普通黄铜是铜与锌的二元合金。   （   ）

19．液压传动是以油液作为工作介质，依靠密封容积的变化来传递运动，依靠油液内部
的压力来传递动力的。   （   ）

20．三相异步电动机的额定频率是 50Hz。   （   ）

21．刀具磨损越慢，切削加工时间就越长，刀具寿命也就越长。   （   ）

22．锉刀可以作为撬棒或手锤使用。   （   ）

23．对于单头螺纹来说，螺距就等于导程。   （   ）

24．在台虎钳上夹紧工件时，允许用手锤敲击手柄或套上管子扳手。   （   ）

25．手提式泡沫灭火器在使用时，一手提环，另一手抓筒的底边，把灭火器颠倒过来，
轻轻抖动几下，泡沫便会喷出。   （   ）

四、计算题（共 25 分）

1．某机床主轴箱有一对外啮合标准直齿圆柱齿轮传动，已知小齿轮齿数 $Z_1=21$，$Z_2=63$，$h_a^*=1$，$c^*=0.25$，$m=10mm$，试求：（1）齿根高；（2）中心距；（3）分度圆半径、齿顶圆半径。（12 分）

2．两带轮传动，$n_1=1450r/min$，$D_1=130mm$，$D_2=260mm$，求 n_2。（6 分）

3．某液压千斤顶，小活塞面积为 $1cm^2$，大活塞面积为 $100cm^2$，当在小活塞上加 20N 的力时，如果不计摩擦阻力等，大活塞可产生多大力？（7 分）

职业技能鉴定中级钳工应会模拟试题

一、试题项目

1．试件名称：样板镶配。

2．时间定额为 210 分钟。

3．操作程序的规定说明。

（1）领取编号、位置、图纸、工件。

（2）按图制作：划线、锉、钻、铰、攻等。

二、实训图纸

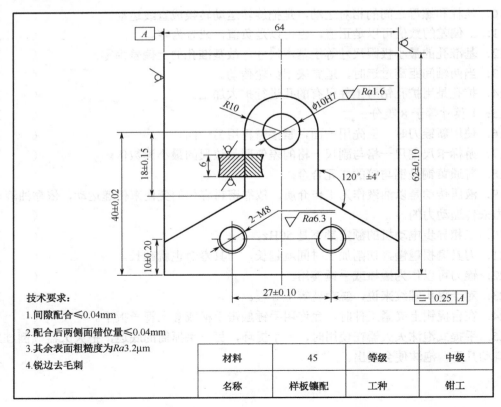

技术要求：

1.间隙配合≤0.04mm

2.配合后两侧面错位量≤0.04mm

3.其余表面粗糙度为 Ra3.2μm

4.锐边去毛刺

材料	45	等级	中级
名称	样板镶配	工种	钳工

三、评分标准

评 分 要 素	配 分	评 分 标 准	扣 分
40±0.02mm	5	超差不得分	
20±0.02mm	5	超差不得分	
18±0.15mm（2处）	4	超差不得分	
120°±4′（2处）	4	每超2′扣2分	
Ra3.2μm（12处）	6	超差不得分	
ϕ10H7	4	超差不得分	
Ra1.6μm	4	超差不得分	
10±0.2mm	4	超差不得分	
27±0.10mm	4	每超差0.1mm扣2分，超差0.2mm以上不得分	
2-M8	4	不符合要求不得分	
Ra6.3μm	2	超差不得分	
⊟ 0.25 A	6	每超差0.1mm扣1分，超差0.2mm以上不得分	
配合间隙≤0.04mm（5处）	15	每超差0.01mm扣1分，超差0.03mm以上不得分	
翻转配合间隙（5处）	15	每超差0.01mm扣1分超差0.03mm以上不得分	
错位量≤0.04mm	6	每超差0.01mm扣1分超差0.03mm以上不得分	
62±0.1mm	6	超差不得分	
R10mm	6	超差不得分	
正确规范使用工刃量具，合理保养及维护工刃量具		每违反一项扣2分	
正确规范使用设备，合理保养及维护设备		每违反一项扣2分	
操作姿势和动作正确规范		每违反一项扣2分	
安全文明生产，遵守国家颁发的有关法规或企业有关规定		每违反一项扣2分，发生较大事故者取消考核资格	
操作工艺规程正确规范		每违反一项扣2分	
零件局部无缺陷		考核局部缺陷酌情扣1～5分，严重者扣10分	

参 考 文 献

[1] 钳工技能实战训练. 北京：机械工业出版社，2004.

[2] 梅荣娣. 公差配合与技术测量. 南京：江苏教育出版社，2009.

[3] 钳工常识. 北京：机械工业出版社，1999.

[4] 张富建，叶汉辉. 钳工理论与实操. 北京：清华大学出版社，2010.

[5] 袁梁梁，伍忠. 钳工基本技能. 武汉：华中科技大学出版社，2008.

[6] 王幼龙. 机械制图. 北京：高等教育出版社，2003.

[7] 周翔. 钳工实训. 北京：科学出版社，2010.

[8] 赵孔祥，王宏. 钳工工艺与技能训练. 南京：江苏教育出版社，2010.

[9] 李世维. 机械基础. 北京：高等教育出版社，2006.

[10] 王猛，崔陵. 机械常识与钳工实训. 北京：高等教育出版社，2010.

反侵权盗版声明

电子工业出版社依法对本作品享有专有出版权。任何未经权利人书面许可，复制、销售或通过信息网络传播本作品的行为；歪曲、篡改、剽窃本作品的行为，均违反《中华人民共和国著作权法》，其行为人应承担相应的民事责任和行政责任，构成犯罪的，将被依法追究刑事责任。

为了维护市场秩序，保护权利人的合法权益，我社将依法查处和打击侵权盗版的单位和个人。欢迎社会各界人士积极举报侵权盗版行为，本社将奖励举报有功人员，并保证举报人的信息不被泄露。

举报电话：（010）88254396；（010）88258888

传　　真：（010）88254397

E-mail：dbqq@phei.com.cn

通信地址：北京市万寿路 173 信箱
　　　　　电子工业出版社总编办公室

邮　　编：100036

反侵权盗版声明

电子工业出版社依法对本作品享有专有出版权。任何未经权利人书面许可，复制、销售或通过信息网络传播本作品的行为；歪曲、篡改、剽窃本作品的行为，均违反《中华人民共和国著作权法》，其行为人应承担相应的民事责任和行政责任，构成犯罪的，将被依法追究刑事责任。

为了维护市场秩序，保护权利人的合法权益，我社将依法查处和打击侵权盗版的单位和个人。欢迎社会各界人士积极举报侵权盗版行为，本社将奖励举报有功人员，并保证举报人的信息不被泄露。

举报电话：(010) 88254396；(010) 88258888
传　真：(010) 88254397
E-mail：dbqq@phei.com.cn
通信地址：北京市万寿路 173 信箱
　　　　　电子工业出版社总编办公室
邮　编：100036